Anthony Kolar

Systeme de vision 3D pour l'endoscopie

AF123346

Anthony Kolar

Systeme de vision 3D pour l'endoscopie

Modélisation, Conception et Caractérisation

Presses Académiques Francophones

Impressum / Mentions légales
Bibliografische Information der Deutschen Nationalbibliothek: Die Deutsche Nationalbibliothek verzeichnet diese Publikation in der Deutschen Nationalbibliografie; detaillierte bibliografische Daten sind im Internet über http://dnb.d-nb.de abrufbar.
Alle in diesem Buch genannten Marken und Produktnamen unterliegen warenzeichen-, marken- oder patentrechtlichem Schutz bzw. sind Warenzeichen oder eingetragene Warenzeichen der jeweiligen Inhaber. Die Wiedergabe von Marken, Produktnamen, Gebrauchsnamen, Handelsnamen, Warenbezeichnungen u.s.w. in diesem Werk berechtigt auch ohne besondere Kennzeichnung nicht zu der Annahme, dass solche Namen im Sinne der Warenzeichen- und Markenschutzgesetzgebung als frei zu betrachten wären und daher von jedermann benutzt werden dürften.

Information bibliographique publiée par la Deutsche Nationalbibliothek: La Deutsche Nationalbibliothek inscrit cette publication à la Deutsche Nationalbibliografie; des données bibliographiques détaillées sont disponibles sur internet à l'adresse http://dnb.d-nb.de.
Toutes marques et noms de produits mentionnés dans ce livre demeurent sous la protection des marques, des marques déposées et des brevets, et sont des marques ou des marques déposées de leurs détenteurs respectifs. L'utilisation des marques, noms de produits, noms communs, noms commerciaux, descriptions de produits, etc, même sans qu'ils soient mentionnés de façon particulière dans ce livre ne signifie en aucune façon que ces noms peuvent être utilisés sans restriction à l'égard de la législation pour la protection des marques et des marques déposées et pourraient donc être utilisés par quiconque.

Coverbild / Photo de couverture: www.ingimage.com

Verlag / Editeur:
Presses Académiques Francophones
ist ein Imprint der / est une marque déposée de
OmniScriptum GmbH & Co. KG
Heinrich-Böcking-Str. 6-8, 66121 Saarbrücken, Deutschland / Allemagne
Email: info@presses-academiques.com

Herstellung: siehe letzte Seite /
Impression: voir la dernière page
ISBN: 978-3-8381-4324-8

Copyright / Droit d'auteur © 2014 OmniScriptum GmbH & Co. KG
Alle Rechte vorbehalten. / Tous droits réservés. Saarbrücken 2014

Table des matières

1 **Introduction générale**   15

2 **Contexte et Problématique**   19
   2.1 La reconstruction 3D : classification et méthodes 20
      2.1.1 Imagerie par temps de vol 20
      2.1.2 Stéréoscopie passive 21
      2.1.3 Stéréoscopie active 21
      2.1.4 Bilan des méthodes de reconstruction dans le cadre d'une application temps réel intégrée   22
   2.2 *Cyclope* : un capteur de vision 3D intégré avec communication sans fil 23
      2.2.1 Domaines d'application de *Cyclope* 24
      2.2.2 *Cyclope* ou la définition d'un *SiP* 27
      2.2.3 Principe de la reconstruction 3D de *Cyclope* 28
   2.3 Problématique 31

3 **La stéréovision intégrée : état de l'art**   33
   3.1 Les avancées de la stéréovision intégrée 34
   3.2 Les capteurs de reliefs 35
      3.2.1 Capteur de Rielg 35
      3.2.2 Le SR3000 du SCEM 35
      3.2.3 Capteur de Konolige 36
      3.2.4 Capteur de l'ITC-IRST 37
      3.2.5 Capteur de Oike 37
      3.2.6 Capteur de Lavoie 38
      3.2.7 Bilan des capteurs de reliefs intégrés 38
   3.3 Les projecteurs laser 39
      3.3.1 Les diodes laser à cavité verticale émettant par la surface 40
      3.3.2 Les VCSELs accordables 41
      3.3.3 Les lasers sur silicium 41
      3.3.4 Bilan du projecteur laser 41
   3.4 Les méthodes de séparation arrière-plan/motif 42
      3.4.1 Filtrage optique 42
      3.4.2 Technologie de semi-conducteur adaptée 44
      3.4.3 Traitement d'images 45
   3.5 Bilan 46

4 **Méthode de discrimination spectrale : Approche théorique et expérimentale**   49
   4.1 Une acquisition innovante 50
      4.1.1 Une approche énergétique et temporelle 50
      4.1.2 Approche théorique de la détermination des paramètres temporels 51
   4.2 Un imageur CMOS : architecture et comportement 53
      4.2.1 Structure globale du capteur 53
      4.2.2 Etude comportementale de la matrice 54
   4.3 Extraction des paramètres critiques du couple stéréoscopique : outils et méthodes 56

		4.3.1 Caractérisation de l'imageur 56
		4.3.2 Caractérisation du projecteur laser 64
		4.3.3 Extraction des paramètres temporels pour la discrimination spectrale 66
	4.4	Conclusion 67

5 Prototype : conception, résultats et performances — 69

    5.1 *Cyclope* : Architecture de l'unité de traitement 70
        5.1.1 Architecture numérique de contrôle de l'acquisition multi-spectrale 70
        5.1.2 Les pré-traitements 71
        5.1.3 Algorithme d'appariement et de reconstruction 3D 73
        5.1.4 Communication sans fil 74
        5.1.5 Bilan des architectures 75
    5.2 Réalisation du démonstrateur Cyclope V2 76
        5.2.1 Le prototype 76
        5.2.2 Calibration du système 77
    5.3 *Cyclope* : performances et utilisation critique 78
        5.3.1 Performances de la séparation spectrale 78
        5.3.2 Impact de la séparation motif/texture sur la précision de reconstruction 81
        5.3.3 Estimation de la consommation 81
    5.4 Bilan 83

6 Conclusion et perspectives — 85

    6.1 Conclusion 86
    6.2 Perspectives 87

7 Annexes et Publications — 89

    7.1 Annexe A : La photodétection : acquisition sur silicium, principes et défauts 90
        7.1.1 Les mécanismes de la photodétection 90
        7.1.2 La photodétection dans le cadre d'une jonction P-N : Interaction lumière-silicium 92
    7.2 Annexe B : Rappel sur les pixels APS 97
    7.3 Mes publications 99
        7.3.1 **Publications en revues** 99
        7.3.2 **Chapitre de livre** 99
        7.3.3 **Conférences internationales avec comité de lecture et actes** 99
        7.3.4 **Conférences nationales en sessions poster** 99
        7.3.5 **Colloques nationaux avec actes** 99

Table des figures

2.1	Classification des méthodes de reconstruction 3D	20
2.2	Principe de reconstruction 3D en temps de vol utilisant une source laser	20
2.3	Principe de la stéréoscopie passive	21
2.4	Cas de réflexion d'un point laser entraînant une erreur de reconstruction	22
2.5	Classification des applications émergentes nécessitant un capteur de vision 3D.	24
2.6	Plan de l'appareil digestif	24
2.7	Exemple de maladies chroniques de l'intestin	25
2.8	Répartition des maladies intestinales	25
2.9	Plusieurs natures de polypes	25
2.10	La vidéocapsule PillCam de Given Imaging	26
2.11	*Cyclope* : l'intégration d'un SiP	28
2.12	Bloc numérique de traitement	28
2.13	Motif laser projeté sur une mire de calibration	28
2.14	Système stéréoscopique	29
2.15	Déplacement de l'image d'un point du motif en fonction de la distance	29
2.16	Couple stéréoscopique et estimation de l'erreur	30
2.17	Erreur moyenne absolue en fonction de la distance	30
3.1	Evolution de la densité d'intégration et de la densité fonctionnelle	34
3.2	Intégration d'un *SoP* par Tummala	34
3.3	Capteur *LMS-Z420* de RIEGL Laser Measurement Systems GmbH	35
3.4	Capteur *SwissRanger 3000* du SCEM	35
3.5	Surveillance des paramètres physiologiques du passager	35
3.6	Interface homme-machine virtuelle	36
3.7	Résultat des systèmes de vision miniaturisés	36
3.8	Principe schématisé du *NRC* basé sur un balayage auto-synchronisé	37
3.9	Schématique du capteur *CRPS-Ds*	37
3.10	Motif projeté pour une reconstruction 3D : encodage pseudo-aléatoire d'une grille couleur	38
3.11	Classification des sources laser	40
3.12	Structure d'une VCSEL simple	40
3.13	Structure d'une VCSEL accordable	41
3.14	Structure du laser hybride sur silicium mis au point par *Rong* à Intel	41
3.15	Classification des méthode de filtrage texture/motif	42
3.16	Décomposition des domaines en longueurs d'ondes	42
3.17	Principe d'utilisation d'un filtrage de Bayer dans le cas d'un capteur d'images RGB	43
3.18	Principe d'une caméra tri-CCD	43
3.19	Structure d'un capteur à jonctions enterrées présentée par Liu	44
3.20	Principe d'absorption et de discrimination des composantes élémentaires du spectre utilisé par la technologie *X3* de Foveon	44
3.21	Structure du capteur à jonctions enterrées de S. Feruglio	45
3.22	Acquisition d'un capteur CMOS pour différents gains d'amplification en vue d'une discrimination motif/arrière plan	46

4.1   Synopsis du séquencement temporel de l'acquisition 51
4.2   Chronogrammes schématisés d'acquisition et de lecture d'une matrice CMOS dans la mise en œuvre d'une discrimination motif/texture 51
4.3   Architecture du pixel de la matrice de A. Pinna 54
4.4   Evolution de la bande passante de l'imageur en fonction de la taille du transistor T_{suiv} et du courant de polarisation de la colonne 55
4.5   Banc de caractérisation optique d'un imageur 56
4.6   Interface de contrôle du banc de caractérisation optique sous $LabView$ 57
4.7   Positionnement du capteur par rapport à la sphère intégrante 57
4.8   Courbe d'extraction du facteur de conversion en LSB/e^- 59
4.9   Distribution de la non-uniformité du courant d'obscurité à une température de $25°C$ 60
4.10 Représentation de la disparité des valeurs moyennes des pixels, colonne à colonne pour un flux $\phi(\lambda)$ 61
4.11 Réponse Spectrale de l'imageur CMOS 62
4.12 Caractéristique de transfert du capteur 62
4.13 Représentation du rapport signal sur bruit en fonction de la puissance du flux optique avec un temps d'intégration de $20ms$ 63
4.14 Caractérisation de l'interaction électrique et énergétique 65
4.15 Représentation 3D de l'évolution de la tension en sortie du pixel en fonction de la puissance optique et du temps d'intégration 66
4.16 Représentation plane de l'évolution de la tension en sortie du pixel en fonction de la puissance optique et du temps d'intégration à l'échelle d'une tache laser 66

5.1   Diagramme d'ensemble du flot de traitement du démonstrateur macroscopique $Cyclope$ 70
5.2   Schéma de l'architecture de contrôle et de synchronisation de l'acquisition 70
5.3   Diagramme du séquenceur maître et interaction avec le gestionnaire temporel configurable et le contrôleur CAN 71
5.4   Méthode développée pour $Cyclope$ 72
5.5   Architecture de l'IP de seuillage 72
5.6   Architecture d'appariement et de traitement 3D 73
5.7   Bloc d'estimation 74
5.8   Bloc de comparaison 74
5.9   Communication sans fil 75
5.10 Architecture implémentée 75
5.11 Châssis du prototype 76
5.12 Schéma du projecteur de motif 76
5.13 Motif projeté 77
5.14 Banc optique 77
5.15 Etiquetage et extraction des coordonnées des centres des rayons laser après traitement sous Matlab 77
5.16 Lignes épipolaires représentant les rayons laser 78
5.17 Modèles de la profondeur en fonction de l'abscisse dans l'image 78
5.18 Images de la texture et du motif pour plusieurs configurations temporelles avec l'objectif MiniCam1 79
5.19 Histogramme d'images prises avec l'objectif MiniCam1 79
5.20 Images de la texture et du motif pour plusieurs configurations temporelles avec l'objectif MiniCam2 80
5.21 Histogramme d'images prises avec l'objectif MiniCam2 80
5.22 Images de la texture et du motif pour plusieurs configurations temporelles avec l'objectif FishEye 80
5.23 Histogramme d'images prises avec l'objectif FishEye 80
5.24 Images de la texture et du motif pour plusieurs configurations temporelles avec l'objectif Caméra 81
5.25 Erreur de reconstruction en fonction de la distance pour un temps d'intégration de 100 μs 81
5.26 Erreur de reconstruction en fonction du temps d'intégration pour une distance de 15,5 cm 81

7.1   Principe de migration des électrons de la bande de valence à celle de conduction lors d'un cas de photoconduction 90

7.2	Coupe transversale d'une jonction diffusion P^+ et d'un caisson N	92
7.3	Absorption d'un flux lumineux dans un semi-conducteur.	92
7.4	Réponse spectrale d'une jonction P-N	94
7.5	Comparaison d'images obtenues avec le temps de lecture $3x$ supérieur au temps d'intégration [11]	98

Liste des tableaux

2.1	Tableau de synthèse des méthodes d'imagerie 3D	23
2.2	Notions quantitatives moyennes des méthodes de reconstruction 3D	23
2.3	Coût d'achat et d'entretien pour l'utilisation d'une vidéocapsule endoscopique	26
2.4	Coût d'un examen entéroscopique par voie double	27
2.5	Erreur de distance en fonction de la base stéréoscopique	31
2.6	Synthèse du démonstrateur V1	31
3.1	Bilan des capteurs de relief	39
3.2	Bilan des projecteurs de motif	42
3.3	Bilan des méthodes discrimination motif/arrière-plan	47
4.1	Tableau d'intensité lumineuse dans quelques cas caractéristiques	50
4.2	Gain et bande passante pour une polarisation colonne $I_{pol} = 10\mu A$	55
4.3	Performances et caractéristique du banc en termes d'acquisition	57
4.4	Performances et caractéristique du banc en termes techniques	58
4.5	Paramètres géométriques du capteur utilisé	58
4.6	Récapitulatif des résultats afférents au facteur de conversion	59
4.7	Charge de saturation	59
4.8	Valeur du courant d'obscurité et du DSNU	60
4.9	Valeur du bruit temporel moyen de lecture KTC	60
4.10	Valeur du bruit spatial fixe de colonne	61
4.11	Valeur de la non-uniformité sous éclairement	61
4.12	Valeur de la sensibilité du capteur	62
4.13	Dynamique du capteur	63
4.14	Récapitulatif des paramètres critiques de l'imageur CMOS	64
4.15	Ordre de grandeur de la répartition énergétique d'un motif de type *matrice de point* obtenu via une optique de diffraction	66
4.16	Ordre de grandeur de la répartition énergétique d'un motif de type *matrice de points* obtenu via une optique de diffraction	67
5.1	Ressources nécessaires à l'architecture d'acquisition multi-spectrale	71
5.2	Performances du bloc de seuillage	72
5.3	Performances du bloc d'étiquetage	73
5.4	Performances des blocs d'appariement et de reconstruction 3D	74
5.5	Performances du module de communication sans fil	75
5.6	Récapitulation des performances	76
5.7	Coefficients des droites épipolaires	77
5.8	Coefficients des modèles de profondeur	78
5.9	Caractéristiques des objectifs caméra	79
5.10	Caractéristiques de l'objectif caméra	81
5.11	Estimation de consommation de l'architecture numérique sur cible Xilinx	82
5.12	Estimation de consommation de l'architecture numérique sur cible Actel	82
5.13	Estimation de consommation de l'architecture numérique sur cible Actel	83

5.14 Performances du démonstrateur macroscopique de *Cyclope* 84

7.1 Mécanisme intervenant dans la génération du courant d'obscurité dans le cas d'une photodiode sur silicium 94

Remerciements

Je tiens tout d'abord à remercier mon directeur de thèse M. Patrick Garda qui m'a permis de réaliser mes travaux de thèse au sein du laboratoire SYEL, pour la confiance qu'il m'a toujours accordée, pour sa disponibilité et pour toutes les discussions enrichissantes que nous avons pu avoir.

Je remercie tout particulièrement mes deux encadrants, M. Bertrand Granado et M. Olivier Romain, pour leur patience durant les quatre années de mes travaux de thèse et pour leur disponibilité sans faille. Je les remercie de m'avoir soutenu et aidé à développer mes idées. Je leur suis reconnaissant d'avoir toujours su me conseiller et m'orienter dans la bonne humeur.

Je voudrais remercier M. Michel Paindavoine et M. Gilles Sicard pour leur intérêt concernant mes recherches et pour avoir accepté d'être les rapporteurs de ma thèse.

Je remercie M. Guillaume Morel d'avoir accepté de participer à mon jury de thèse.

Je remercie M. Eric Belhaire et M. Jacques-Olivier Klein qui m'ont permis de concevoir et d'utiliser les ressources matérielles de l'IEF du l'Université d'Orsay, sans lesquels il n'y aurait pas le banc de caractérisation indispensable pour mes mesures.

Je remercie M. Sylvain Viateur et M. Tarik Graba pour l'aide qu'ils m'ont apportée, pour leur gentillesse, soutien et bonnes idées, ainsi que pour les moments inoubliables que nous avons passés ensemble.

Je remercie M. Sylvain Féruglio pour ses conseils importants et son esprit critique

Je tiens aussi à remercier M. Andrea Pinna.

Je souhaite remercier toutes les personnes du laboratoire pour leur aide, leur bonne humeur et qui ont contribué au bon déroulement de ma thèse : M. Johan Mazeyrat, M. Julien Denoulet, M. Khalil Hachicha, Mme Annick Alexandre, M. Valette Farouk, M. Abraham Suissa, M. Mehdi Terosier et M. Mohamed Alassir.

Je remercie également M. Benoit Lachacinski qui m'a grandement aidé dans la réalisation du démonstrateur durant ses six mois de stage ; ainsi que M. Alexandre Goguin pour de nombreuses et passionnantes conversations que nous avons eues.

Enfin, je remercie mes proches et en particulier ma femme Olga et ma fille Teressa qui m'ont encouragé durant mon travail dont le fruit est cette thèse.

Pour finir, j'ai également une pensée toute particulière aux pigeons voyageurs qui m'ont permis de rester en contact avec mes chefs bien aimés lorsqu'ils étaient en repos bien mérité.

Que les gens ne montrent pas trop d'assurance dans leurs jugements, comme celui qui, dans un champ, estime les blés avant qu'ils ne soient mûrs.

Dante - La divine comédie

Chapitre 1

Introduction générale

La vision intégrée a depuis plusieurs années suscité de nombreux intérêts [4, 9], et plus particulièrement la vision 3D [26, 15], mais quels sont réellement les enjeux de cette approche et quelles en sont les applications possibles ?
Il est également important de bien appréhender les défis que représente la vision électronique. La vue, ce sens que nous utilisons chaque jour, est des plus complexe. L'acquisition, le traitement et l'extrapolation sont des notions que nous reproduisons électroniquement en tentant d'imiter ou de surpasser les capacités de notre cerveau.
C'est grâce à la vision qu'il nous est possible d'identifier rapidement des repères spatiaux afin de s'adapter à notre environnement et nous permettre de réaliser des traitements de reconnaissance. Nous pouvons ainsi d'interagir avec notre environnement de façon intelligente.
Les nombreux atouts de la vision font que la communauté scientifique a depuis longtemps cherché à l'intégrer dans divers systèmes. La Vision 3D améliore la notion de repère spatial et de représentation de l'environnement. L'intégration monolithique de la vision peut apporter des solutions là où aujourd'hui les solutions existantes sont limitées de par leur surface et leur consommation. Certaines applications émergentes se trouvent en effet démunies de système de vision 3D alors que le besoin s'en fait sentir. Ces applications sont réparties dans de nombreux domaines : la robotique, la surveillance, le biomédical ou encore le contrôle de qualité.
Pour combler ce manque, une action de recherche est menée dans le laboratoire SYEL pour concevoir un capteur de vision 3D intégré autonome et capable de reconstruire une scène texturée. Il existe diverses méthodes de reconstruction, chacune ayant ces avantages et ces inconvénients. La méthode choisie pour *Cyclope* est basée sur la vision active, c'est à dire sur la projection d'un motif sur la scène à reconstruire. Il est alors primordial de pouvoir effectuer une acquisition du motif mais aussi de la texture.
C'est en cela que mes travaux de thèse consistent. Il s'agit d'étudier les solutions quant à la réalisation d'un bloc d'instrumentation comprenant à la fois un imageur et un projecteur de motif.
Cette instrumentation et les architectures de contrôle qui y sont associées ont la particularité d'autoriser une acquisition permettant d'opérer une discrimination entre le motif projeté et de la scène à reconstruire. Une fois la solution optimale choisie, il est nécessaire d'en faire la mise en oeuvre et d'en évaluer les performances et son influence sur *Cyclope*.
Cyclope est un capteur intégré ce qui entraîne un certain nombre de contraintes tant sur le plan matériel et physique qu'énergétique. C'est pourquoi la réalisation de cette thèse c'est déroulée en ayant comme point d'attention constant 3 aspects :

– Quelque soit la méthode d'acquisition choisie, elle doit être intégrable. J'entends par là qu'il doit être possible de réaliser une intégration monolithique du système.
– L'encombrement est un autre facteur d'importance dans la mesure où *Cyclope* doit répondre à des besoins d'applications diverses telles que l'endoscopie 3D.
– Enfin *Cyclope* est un capteur autonome doté d'une autonomie suffisante. Pour cela il est important de concevoir un système basse consommation.

Afin d'atteindre les objectifs fixés, j'ai opté pour une méthodologie d'étude en cinq points :
– Définition des besoins.
– Etude et comparaison de l'existant.
– Mise en évidence des manques s'il y en a.
– Définition de la solution adaptée à nos besoins.
– Mise en oeuvre de la solution, analyse de ces performances et de ces influences.

A partir de cela j'ai décidé de concevoir ce manuscrit en cinq parties :

1. Le premier chapitre pose le contexte et la problématique de mon travail, à savoir le projet *Cyclope*, un capteur de vision 3D intégré sans fil. Je présente également dans ce chapitre les méthodes les plus courantes à ce jour de reconstruction 3D. Je propose également un exemple de cadre applicatif pour un tel capteur.

2. Différents systèmes de vision 3D ont été développés. Le deuxième chapitre est un état de l'art suivant trois axes : les capteurs de vision 3D, l'intégration de sources laser et les méthodes de discrimination motif/texture utilisées dans des systèmes intégrés. De cet état de l'art en ressortira le choix et la justification des approches adoptées pour la conception de notre système en mettant en avant les manques de l'existant.

3. Le troisième chapitre présente l'approfondissement de mes travaux de thèse. Je propose une méthode adaptée à un capteur intégré permettant une acquisition en temps réel d'une image tout en dissociant la texture de la scène et le motif projeté. Cette méthode peut être appliquée sur la majorité des capteurs de vision existants car sa mise en oeuvre est indépendante de la technologie employée ou de l'architecture du

capteur. Je définis également les contraintes liées à l'utilisation de cette méthode. Associé à cette solution, je définis une méthodologie rendant possible son exploitation dans un contexte applicatif quelconque. Pour cela un banc de caractérisation du couple stéréoscopique a été conçu et détaillé dans cette partie.

4. Le quatrième et dernier chapitre avant la conclusion aborde la réalisation d'un démonstrateur macroscopique de *Cyclope*. Je présente la chaîne de traitement globale, les algorithmes et leur mise en oeuvre. J'évalue également les performances de notre acquisition ainsi que sa possible influence sur la reconstruction 3D. Enfin, je procède à l'estimation de la consommation énergétique du système dans sa globalité.

5. Enfin, je conclurai et discuterai de l'avenir de ces travaux, ainsi que de ce qu'ils ont pu apporter.

Chapitre 2

Contexte et Problématique

Sommaire

2.1	**La reconstruction 3D : classification et méthodes**	**20**
	2.1.1 Imagerie par temps de vol	20
	2.1.2 Stéréoscopie passive	21
	2.1.3 Stéréoscopie active	21
	2.1.4 Bilan des méthodes de reconstruction dans le cadre d'une application temps réel intégrée	22
2.2	*Cyclope* **: un capteur de vision 3D intégré avec communication sans fil**	**23**
	2.2.1 Domaines d'application de *Cyclope*	24
	2.2.2 *Cyclope* ou la définition d'un *SiP*	27
	2.2.3 Principe de la reconstruction 3D de *Cyclope*	28
2.3	**Problématique**	**31**

Mes travaux de thèse s'inscrivent dans le cadre du projet *Cyclope* où est étudié l'intégration d'un système sur puce pour la vision 3D. Il s'agit d'un projet qui aborde à la fois la thématique de la reconstruction 3D et celle de la conception microélectronique de systèmes sur puce.

Je présente dans ce chapitre la problématique abordée dans le cadre de mes travaux de thèse au sein du projet *Cyclope* ainsi qu'un cadre applicatif possible.

2.1 La reconstruction 3D : classification et méthodes

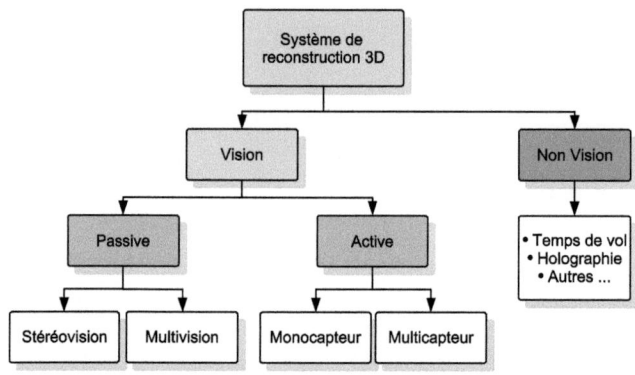

FIGURE 2.1 – Classification des méthodes de reconstruction 3D

De nombreuses méthodes de reconstruction ont été mises au point depuis le milieu des années 80 pour reconstruire la troisième dimension, elles peuvent être classées suivant l'arborescence visible sur la figure 2.1. Deux grandes familles apparaissent : celle nécessitant une ou plusieurs images et dont la reconstruction en 3D est déduite de l'analyse des images (cas de la vision passive ou active), et celle où la reconstruction peut directement être déduite de l'acquisition (cas du principe par temps de vol).

Dans le cas de la vision passive, le rendu 3D est obtenu par l'analyse des images d'une même scène prises sous différents points de vue. L'utilisation de deux capteurs d'images est alors nécessaire. Une reconstruction active sous-entend l'emploi d'un motif projeté sur la scène à reconstruire autorisant ainsi l'utilisation d'un seul capteur d'image. La déformation ou l'interaction avec la scène de ce motif va permettre de retrouver le notion de relief. Les méthodes dites non-visuelles impliquent par exemple l'utilisation d'un faisceau impulsionnel dirigé vers un point de l'objet. En mesurant le temps aller et retour du signal qui est réfléchi par la surface de l'objet, on en déduit la distance. Le signal émis peut être une onde électromagnétique (RADAR), une onde sonore (SONAR, échographie) ou un faisceau laser (LIDAR).

Il est intéressant à ce stade de présenter et d'expliquer quels grands principes de reconstruction 3D sont utilisés sans pour autant être exhaustifs.

2.1.1 Imagerie par temps de vol

Le principe de temps de vol [1] est illustré par la figure 2.2 : un émetteur envoie une onde, qui peut être de nature diverse, sur la scène à reconstruire, cette onde est alors réfléchie et captée par le récepteur. Le temps écoulé entre l'émission et la réception est calculé. Connaissant la vitesse de propagation de l'onde, il est simple d'en déduire la distance entre le couple émetteur-récepteur et ainsi retrouver la profondeur de la scène à reconstruire. La nature de l'onde dépend du domaine d'application du capteur. Cette onde peut être soit lumineuse, soit acoustique ou encore de type *Radar* et de son type va dépendre la nature du récepteur.

Dans le cas d'une onde monochromatique, le récepteur est la plupart du temps un imageur CCD [2] ou CMOS [3].

---
1. Time Of Flight ou TOF
2. Charge Coupled Device
3. Complementary Metal Oxide Semi-Conductor

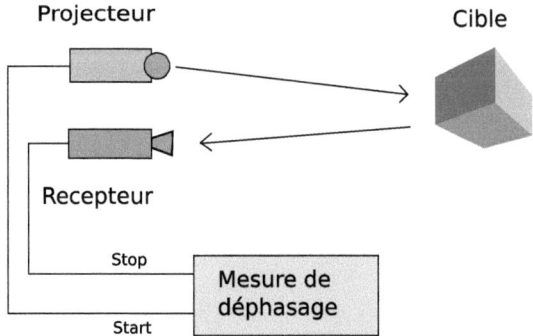

FIGURE 2.2 – Principe de reconstruction 3D en temps de vol utilisant une source laser

La résolution horizontale et verticale de la reconstruction dépendra directement de la taille du capteur, tandis que la finesse de reconstruction dépendra, entre autres choses, de la taille du pixel.

Deux variantes de l'imagerie 3D par temps de vol existent : celle qui utilise une onde modulée et celle qui utilise des ondes pulsées [67, 66, 37]. Le mode modulé permet une grande précision du fait d'une mesure continue, l'augmentation de la fréquence d'échantillonnage F_{sample} du signal reçu dans ce mode améliore le rapport signal sur bruit. La bande passante de l'imageur joue un rôle critique et déterminant.

La différence du mode pulsé tient dans le fait que la mesure de distance est effectuée une seule et unique fois par cycle de reconstruction. La fréquence de ce cycle va dépendre de la vitesse de l'imageur mais surtout de la fréquence de pulsation de la source laser. L'un des principaux avantages par rapport à la méthode précédente est que la reconstruction est effective de quelques mètres à plusieurs kilomètres en fonction de la puissance de la source.

2.1.2 Stéréoscopie passive

Le principe de base de la stéréovision passive est la triangulation. Connaissant la structure du système stéréoscopique et donc la distance entre les deux caméras (ou les différentes positions de la même caméra) et en définissant les droites de vues passant par le centre de chaque caméra et l'objet, on peut retrouver la distance à laquelle se trouve l'objet. Les bases mathématiques pour retrouver la troisième dimension à partir des informations contenues dans une image numérique ont été définies depuis longtemps [30, 43] et permettent une description analytique complète du système stéréoscopique et de la restitution du relief.

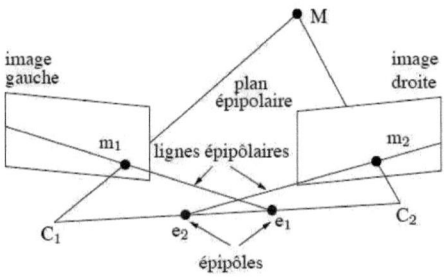

FIGURE 2.3 – Principe de la stéréoscopie passive

Il existe plusieurs techniques d'analyse de l'image dans le but de restituer la profondeur :
– par appariement, où des points d'intérêt dans les deux images sont mis en correspondance ;

- par défocalisation [4], où deux images sont prises avec des distances focales différentes ;
- par disparité, où la profondeur est inversement proportionnelle aux différences dans les deux images.

Ces systèmes restent cependant tous limités par deux problèmes principaux :

- *Les zones d'occlusion :*
   Les systèmes de stéréovision sont limités au champ commun des deux caméras qui les composent. Aussi, certaines parties de la scène ne peuvent être observées que par une seule des deux caméras, il s'agit d'un cas d'occlusion partielle.
   Diverses études ont été faites [46, 95] pour détecter ces zones d'occlusion dans l'image et ainsi éviter de faire des traitements de correspondance sur les points situés dans ces parties.

- *La définition des primitives et la difficulté d'appariement :*
   Pour pouvoir calculer la profondeur par triangulation il faut identifier et associer des primitives sur les deux images. Ces primitives peuvent être des points, des segments ou des régions. Divers auteurs [25, 110] ont essayé de décrire les méthodes pour la correspondance en vision par ordinateur en général et en stéréovision en particulier, comme des corrélations.
   Elles peuvent être basées sur l'information spatiale contenue dans l'image en niveau de gris [20, 53, 56] ou en couleur [41]. Ces méthodes sont cependant sensibles au bruit, à l'étalonnage des capteurs, à l'intensité lumineuse ambiante et aux phénomènes d'occlusion.
   Les méthodes basées sur la détection d'amers (coins, segments et contours) [107, 74] simplifient la tâche d'appariement en ne recherchant que des singularités dans les images. Cependant, en l'absence de singularité dans l'image, aucune reconstruction n'est possible.
   La détection de région, quant à elle, nécessite une approche plus complexe et une segmentation en surface des scènes à reconstruire.

Pour palier à ces inconvénients, on utilise un dérivé de ces procédés en rajoutant une source d'information supplémentaire pour faciliter l'appariement, réduire le temps de calcul et identifier les occultations. Cette information supplémentaire peut être une autre image, un éclairage particulier ou des contraintes de mouvement ou de structure.

Les recherches en vision 3D ont ainsi évolué vers des systèmes plus complexes donnant des résultats qui peuvent être plus facilement interprétés par un ordinateur.

2.1.3 Stéréoscopie active

La stéréoscopie active est une méthode visant à palier les inconvénients de la stéréoscopie passive par la projection sur la scène d'un motif structuré.

L'appariement se trouve alors grandement simplifié du fait que les points d'intérêt dans l'image, utiles à la reconstruction, sont obtenus par l'extraction du motif. Ceci a également pour effet d'augmenter la vitesse de traitement. La reconstruction 3D est obtenue par triangulation.

De très nombreux travaux ont été publiés dans ce sens [49, 64, 109, 85, 15, 68, 47, 52, 9, 42, 91, 62, 63, 18]. L'analyse des différents motifs possibles permet de déterminer lequel est le plus adapté en fonction des contraintes d'application [90]. Il en ressort, que ce genre de technique est généralement effectif pour des distances comprises entre 1 mm et 10 m.

Il est possible de classer les systèmes stéréoscopiques actifs selon la nature de la projection qu'ils mettent en oeuvre. Nous pouvons différencier trois groupes principaux :

1. la projection d'un seul et unique point. Ce genre de technique est par exemple utilisée dans la télémétrie optique. Il s'agit ici d'une stéréoscopie dite 1D.

2. La projection d'un plan laser. Cette méthode permet de déterminer le profil d'une *tranche* de l'objet, pour une reconstruction 3D entière de l'objet, il faut un balayage de l'objet. Ceci est souvent pratiqué en industrie pour le contrôle de qualité non destructif sur les chaînes de montage. Dans ce cas on parle de stéréoscopie 2D.

3. La projection d'une zone laser. Par zone laser j'entends la projection d'un motif assez complexe permettant de reconstruire une zone entière :
   - projection multiple de points laser ou de lignes laser ;

---

[4]. Depth from Focuse

- projection de motifs structurés ou codés ;
- effet de Moiré.

On parle alors de stéréoscopie 2,5D dans la mesure où l'on récupère une information sur la surface et non sur le volume.

Il existe des inconvénients dans cette méthode de reconstruction.
Tout d'abord, un inconvénient qui n'est pas directement lié au capteur, mais qui est difficilement contournable. Il s'agit des propriétés intrinsèques de la surface de l'objet à reconstruire.
Il y a tout d'abord ses propriétés physiques. Des matériaux tels que l'aluminium brossé ne pose, bien entendu, aucun problème mais d'autres matériaux dont le coefficient d'opacité, d'absorption, de transparence ou de réflexion est trop important (verre, marbre, miroir, certain plastique, métal poli, etc...) peuvent engendrer des imprécisions de reconstruction, voir dans le pire des cas, rendre la restitution du relief impossible. Les travaux de Godin [36] sur la reconstruction 3D de ce type de surface, et en particulier sur le marbre, démontrent bien les difficultés et les erreurs engendrées dans de tels cas.

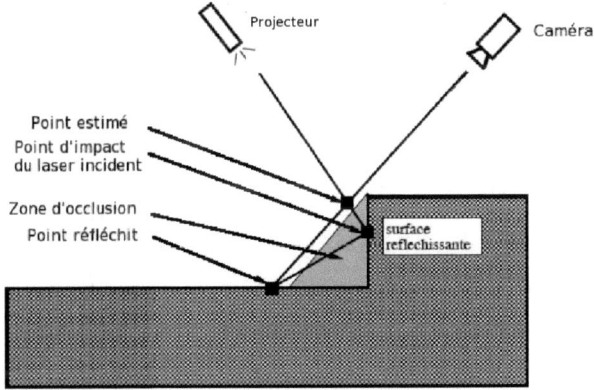

FIGURE 2.4 – Cas de réflexion d'un point laser entraînant une erreur de reconstruction

Il y a ensuite ses propriétés géométriques. La figure 2.4 montre le cas d'une projection sur une surface présentant un effet de multi-réflexion dû à sa géométrie. L'estimation de la position du point à traiter est totalement erronée. Ensuite, un inconvénient lié à la densité de reconstruction. La projection du motif simplifie grandement l'appariement. Mais, lors d'un motif de type matrice de point ou de ligne, la densité de reconstruction est diminuée car contrairement à la stéréoscopie passive qui *reconstruit* la distance de chaque pixel, dans la stéréovision active seule la distance des points du motif est estimée. Il est néanmoins possible de réaliser une reconstruction 3D dense en interpolant les points de la surface limitée par les points du motif.

Deux autres inconvénients interviennent sur les imprécisions de mesure lors de l'utilisation d'une source laser :

1. un rayon laser est conique et non rectiligne. Si le point d'impact avec l'objet se situe sur une discontinuité de celui-ci, il y a une ambiguïté sur la position réelle du point laser. Cette ambiguïté sera d'autant plus importante que l'angle de divergence du projecteur est grand.

2. L'angle d'incidence du rayon sur la surface influence la qualité de la reconstruction. Plus cet angle est proche de 90°, moins l'énergie du laser sera renvoyée vers le capteur d'image, ce qui entachera d'erreur l'extraction du point laser.

3. La nature de la surface dont le coefficient d'absorption de l'énergie va dépendre de la longueur d'onde.

Enfin, la stéréoscopie active ne permet toujours pas de résoudre les problèmes d'occlusion dans la scène.

2.1.4 Bilan des méthodes de reconstruction dans le cadre d'une application temps réel intégrée

Cette première partie du chapitre a permis de passer en revue les principales méthodes de reconstruction 3D les plus utilisées. Ces méthodes peuvent être classées suivant deux grandes catégories :
- les méthodes optiques : la stéréoscopie active et passive. L'information de profondeur est extraite directement des images acquises.
- Les méthodes non-visuelles : l'imagerie par temps de vol. La reconstruction fait intervenir d'autres éléments tels que le temps aller-retour d'une onde.

Chacune de ces méthodes apporte son lot d'avantages et d'inconvénients, qui sont résumés dans les tableaux 1.1 et 1.2.

Système		Avantages	Inconvénients
Imagerie par temps de vol	*laser*	– Estimation de la distance immédiate – Grande distance de reconstruction	– Consommation (fonction de la source) – Sensibilité à une forte illumination
	ultrasonique	– Simplicité – Pas d'illumination de la scène	– Absorption de l'onde – Variation de la vitesse de l'onde
Imagerie par stéréoscopie passive		– Algorithmes robustes – Mise en oeuvre plus simple – Tolérance aux fortes illuminations	– Appariement parfois difficile – Précision dépendant de nombreux paramètres
Imagerie par stéréoscopie active		– Mise en oeuvre plus simple – Reconstruction rapide	– Nécessite un projecteur de motif – Densité de reconstruction dépendant du motif

TABLE 2.1 – Tableau de synthèse des méthodes d'imagerie 3D

Méthode de reconstruction	Précision et distance	Consommation	Dimensions des système
Temps de vol Laser pulsé (Scanner 3D)	qq centimètres de 5 m à 1 km	50 W à 100 W	>50 cm
Temps de vol Laser modulé	qq centimètres 30 cm à 10 m	de 1 W à 10 W	< 30 cm
Stéréoscopie passive	dépend des algorithmes et de la base stéréoscopique		de 5 cm à 50 cm
Stéréoscopie active	dépend des algorithmes et de la base stéréoscopique		<1 cm à 20 cm

TABLE 2.2 – Notions quantitatives moyennes des méthodes de reconstruction 3D

A la lecture de ces deux tableaux, on s'aperçoit alors des disparités qui peuvent exister entre les méthodes, tant d'un point de vue énergétique et précision, que d'un point de vue complexité de mise en oeuvre. Tous ces éléments sont déterminant dans le choix futur pour la réalisation d'un capteur de vision 3D intégré.

2.2 *Cyclope* : un capteur de vision 3D intégré avec communication sans fil

Cyclope est une action de recherche au sein de laquelle est étudiée la conception d'un capteur de vision 3D intégré sans fil. Dans un premier temps, durant la thèse T.Graba la définition structurelle du capteur a été réalisée. L'étude de faisabilité d'un SoC-SiP, la modélisation le couple stéréoscopique et la définition d'une méthode de calibration ont menées à la conception d'une architecture de reconstruction 3D répondant aux contraintes d'un traitement pour un capteur intégré. Cette étude a également permis de déterminer les limites de ce système de vision 3D intégré.

Dans cette partie du chapitre, je vais présenter *Cyclope*. Ceci permettra de positionner le contexte de mes travaux de recherches et d'identifier les contraintes du système.

2.2.1 Domaines d'application de *Cyclope*

2.2.1.1 Un champs vaste

Que ce soit dans le domaine de la surveillance, de la robotique ou plus récemment dans un cadre biomédical, la vision 3D améliore la notion de repère spatial et de représentation de l'environnement.

L'intégration monolithique de la vision peut apporter des solutions là où aujourd'hui les solutions existantes sont limitées de par leur surface et leur consommation. Certaines applications émergentes se trouvent en effet démunies de système de vision 3D, alors que le besoin s'en fait sentir.

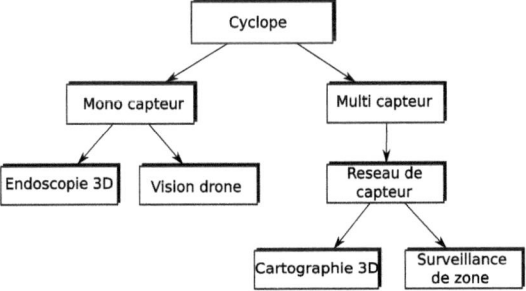

FIGURE 2.5 – Classification des applications émergentes nécessitant un capteur de vision 3D.

Le diagramme 2.5 présente un sous-ensemble classifié des applications possibles d'un capteur de vision 3D intégré tel que *Cyclope*. Il est possible de distinguer deux grandes catégories :
- Les applications multi-capteurs : il s'agit par exemple de la création d'un réseau de surveillance sur une large zone où la dispersion d'un grand nombre de capteurs disposant de suffisamment de puissance est nécessaire pour réaliser un traitement local et créer ainsi un réseau de capteurs sans fil. Ce réseau de capteurs de vision peut opérer des traitements de "poursuite" sur de longues distances après acquisition d'une cible spécifique [69]. Nous pouvons également imaginer un réseau de capteurs de vision 3D disséminés sur de larges zones normalement inaccessibles telles que des astéroïdes ou comètes, afin d'en obtenir une représentation 3D [27]. Le traitement 3D local à chaque capteur diminue de façon importante la quantité d'informations envoyées au relais satellite. De tels systèmes permettraient à l'opérateur un "survol" en temps réel de la zone de surveillance [1].
- Les applications mono-capteur : une application possible sous la forme des micro-drones, à savoir ceux dont la taille est inférieure de 15 centimètres et pesant moins de 100g. Les micro-drones sont utiles dans les missions de reconnaissance dans des milieux confinés, comme des locaux industriels, des grottes ou des maisons. Dans ces lieux, un micro-drone doté d'une vision 3D peut réaliser des photographies en trois dimensions de son environnement pour cartographier précisément l'endroit, mais aussi se servir des informations fournies par le capteur pour s'aider lors des manoeuvres de stabilisation (stabilisation verticale et horizontale). Malheureusement, les contraintes de poids et de taille de ces drones imposent une intégration de haut niveau, tant des

systèmes électroniques que mécaniques [24, 23, 22].

2.2.1.2 Un exemple d'application mono-capteur : l'endoscopie 3D

Je présente ici une autre application mono-capteur dont les besoins sont importants à court terme.

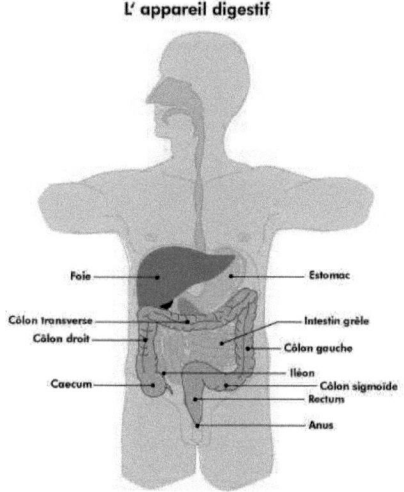

FIGURE 2.6 – Plan de l'appareil digestif

Il existe de nombreuses formes de maladies intestinales. Cela va du simple mal de ventre dû à une acidité gastrique trop forte, au cancer du colon, en passant par une ulcération plus ou moins importante de l'appareil digestif (figure 2.6). De par le caractère de leurs symptômes, ces maladies sont souvent tabous, ce qui entraîne un dépistage tardif. Ceci est d'autant plus gênant que la plupart des maladies intestinales nécessitent une prise en charge rapide afin de minimiser les effets aussi bien sur la santé du patient, que sur sa qualité de vie. Les méthodes actuelles de dépistage n'incitent pas le patient à se faire diagnostiquer, car elles sont souvent lourdes ou incommodes (endoscopie classique, coloscopie, entéroscopie, etc.). Les nouvelles technologies (vidéocapsule endoscopique ou VCE) permettent un diagnostic laissant une certaine liberté de mouvement au patient. En devenant moins contraignantes, ces technologies favorisent un dépistage rapide et donc un traitement plus efficace tout en augmentant la qualité de vie.

Ceci est particulièrement vrai pour deux classes de maladies intestinales :
– les maladies chroniques de l'intestin [5] ;
– les polypes.

2.2.1.2.1 Les maladies chroniques de l'intestin :

Il est important de noter que le monde 2,5 millions de personnes souffrent de MICI dont 200 000 en France. On observe aujourd'hui entre 5 000 et 6 000 nouveaux cas par an, ce qui représente une incidence d'environ trois cas pour 100 000. Parmi ces cas on distingue principalement la recto-colite hémorragique [6] et la maladie de Crohn. [7]

Selon le dr Jacques Corallo, médecin hépato-gastro-entérologue à Nice, les lésions concernent pour un tiers le côlon (ou gros intestin), pour un tiers l'iléon (la partie terminale de l'intestin grêle) et les deux zones pour le dernier tiers (figure 2.8).

---

5. **MICI**
6. lésions hémorragiques limitées au côlon et au rectum
7. lésions profondes hémorragiques touchant l'ensemble du tube digestif

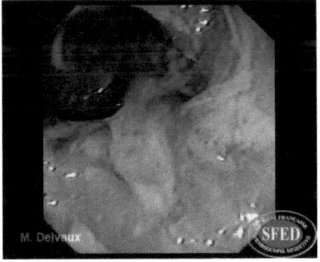
(a) Maladie de Crohn avec ulcération

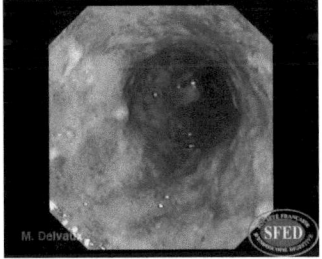
(b) Recto-colite hémorragique en phase active

FIGURE 2.7 – Exemple de maladies chroniques de l'intestin

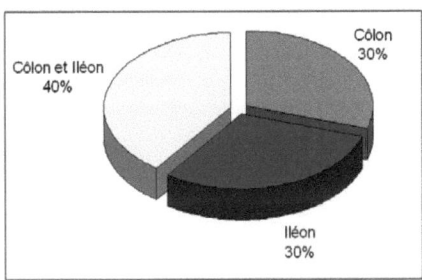

FIGURE 2.8 – Répartition des maladies intestinales

Ces inflammations chroniques du côlon et du tube digestif sont la conséquence d'une réponse immunitaire intestinale inadaptée à l'encontre des bactéries habituelles de la flore intestinale. Se sentant injustement agressé, il va déclencher l'inflammation de la muqueuse intestinale. Un mécanisme de défense qui en l'absence d'agresseurs se révèle plus nocif que protecteur. Ces maladies peuvent être l'objet de complications : rétrécissement, fistules, occlusion intestinale, abcès, etc. Enfin, elles augmentent considérablement le risque de cancer colorectal. Un patient atteint d'une MICI ne peut être guéri, il devra suivre un traitement à vie afin de limiter les nuisances provoquées par les symptômes. C'est pourquoi un dépistage précoce permet un traitement plus efficace et une meilleure qualité de vie au patient.

2.2.1.2.2 Les polypes

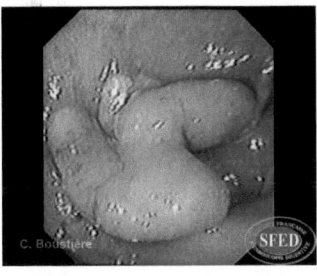
(a) Exemple de polype villeux sessile

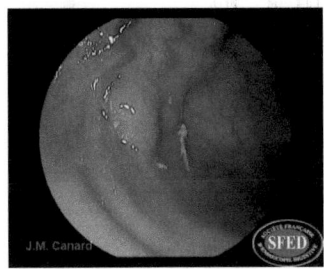
(b) Exemple de polype adénome plan

FIGURE 2.9 – Plusieurs natures de polypes

Un polype est une excroissance de la paroi du côlon. La plupart du temps, les polypes ne provoquent aucun

symptôme et resteront bénins. Cependant, au cours des années (environ 10 ans) le risque de voir un polype acquérir des cellules cancéreuses existe, c'est ce qui arrive dans 10% de cas soit 38 000 cas chaque année. L'ablation précoce des polypes constitue donc une prévention efficace du cancer du côlon.
Les plus fréquents sont les polypes adénomateux, figure 2.9(b).
Certains types de polypes sont plus à risques que d'autres, c'est le cas des tumeurs villeuses (figure 2.9(a)) ou des gros polypes. C'est une maladie souvent sournoise dans le sens où dans la majorité des cas il n'y a aucun symptôme. Cependant, parfois elle se révèle par des saignements (rectorragies) ou par la présence de glaires dans les selles, par des douleurs du rectum ou des faux besoins.
En France, un polype est systématiquement retiré quelque soit sa taille. Cependant, la taille du polype va définir le type d'intervention : 95% des polypes sont retirés directement pendant la coloscopie, mais les plus gros devront nécessiter une intervention chirurgicale, voir dans les cas les plus graves une colectomie. Ici encore, un dépistage rapide et facile permet d'éviter l'apparition de complications graves telles que des cancers collorectals qui représentent 15 000 décès et 30 000 nouveaux cas par an en France [94].

2.2.1.2.3 Quels sont les besoins ?

De par sa longueur et son inaccessibilité l'examen de tout le système digestif humain en passant par les orifices naturels représente un véritable défi. Les autres techniques d'examen telles que la radiologie, le scanner ou même la tomographie à émission de positrons sont relativement inefficaces pour des pathologies de types lésions inflammatoires, infiltrantes, diminutives ou aplatissement du petit intestin. Depuis 1994, les vidéocapsules [8] [48][82] ont été développées dans le but de permettre un examen direct des parties gastro-intestinales inaccessibles. Elles fournissent une aide au praticien pour trouver la cause des symptômes tels que le mal à l'estomac, le syndrome de Crohn, la diarrhée, la perte de poids, l'hémorragie rectale, l'anémie, etc.

(a)   (b)

FIGURE 2.10 – La vidéocapsule PillCam de Given Imaging

La plus connue des VCE est très certainement la PillCam de Given Imaging (fig.2.10). Il s'agit d'un système autonome permettant l'enregistrement d'environ 50 000 images du chemin gastro-intestinal durant plus de 24h d'analyse. Le patient garde toute sa liberté de mouvement grâce à une ceinture qu'il porte durant l'examen, celle-ci permet de récupérer via une connexion sans fil les images acquises. Le traitement d'image en différé et son interprétation permettent de déterminer la nature de la maladie.
Certains tests publiés récemment [35] montrent les limitations de cette vidéocapsule. A travers des discussions avec des praticiens, il apparaît que leurs attentes sont que de tels systèmes soient non seulement capables de fournir une image de meilleure qualité à une cadence vidéo classique (25 images par seconde), mais aussi d'apporter une aide au diagnostic.
Une représentation en 3D peut dans ce cadre apporter des informations pertinentes utilisables pour permettre la possibilité de reconnaître des zones d'intérêt telles que les polypes, voir d'être capable de définir la nature d'une anomalie. Ceci est d'autant plus important que dans certains cas les opérations d'ablation ne sont pratiquées qu'à partir d'une taille limite du dit polype. Or à l'heure actuelle, l'estimation de la taille lors d'un examen endoscopique dépend principalement de l'expérience du praticien malgré la présence d'aide dans les systèmes d'exploitation de résultats.
Le tableau 2.3 donne une idée du coût de l'utilisation d'une vidéocapsule de Given Imaging.
Sachant qu'un examen de type entéroscopie par voie double (haute et basse, jéjunoscopie [9] et iléoscopie [10]) coûte

---

8. VCE
9. examen du jéjunum, partie centrale des trois divisions de l'intestin grêle, en aval du duodénum et en amont de l'iléon.
10. examen endoscopique de l'iléon terminal réalisé à l'aide d'un coloscope

Station de travail et kit d'enregistrement	41 000 euros
Vidéocapsule	610 euros
Maintenance annuelle	3 700 euros

TABLE 2.3 – Coût d'achat et d'entretien pour l'utilisation d'une vidéocapsule endoscopique

environ le double (voir tableau 2.4), il est facile de voir l'intérêt économique que représente l'utilisation d'une VCE à moyen terme.

Jéjunoscopie	230 euros
Iléoscopie	115 euros
Acte d'anesthésie	76 euros
journée d'hospitalisation	793 euros
Total	1 214 euros

TABLE 2.4 – Coût d'un examen entéroscopique par voie double

Dans cette partie du chapitre, j'ai présenté une des nombreuses applications possibles pour laquelle le rendu du relief peut apporter une aide non négligeable. La partie suivante va définir l'architecture système d'un capteur de vision 3D.

2.2.2 $Cyclope$ ou la définition d'un SiP

2.2.2.1 Définition globale de $Cyclope$

$Cyclope$ doit pouvoir reconstruire une scène en trois dimensions avec une grande précision et en temps réel. Le système doit aussi avoir une consommation énergétique limitée, l'objectif étant d'avoir une autonomie supérieure à plusieurs heures de fonctionnement tout en fournissant une reconstruction 3D à une cadence de 25 images par seconde.
Après l'analyse des systèmes 3D existants ainsi que des techniques d'intégration, il est ressorti que la stéréovision active était la plus à même de répondre à nos contraintes. En effet, cette technique utilise un minimum d'éléments : une seule caméra et un projecteur de motif assurant ainsi un encombrement minimum. De plus, cette technique a l'avantage de nécessiter moins de ressources que la stéréovision passive ainsi qu'un meilleur temps de rendu [9].

$Cyclope$ est un capteur communiquant sans fil, cette caractéristique a pour but de répondre à plusieurs points :
– La possibilité de transmission de l'information dans des contextes où l'utilisation d'une liaison filaire est impossible, en endoscopie 3D notamment.
– La suppression des zones d'occlusions. Des solutions ont été étudiées avec des résultats satisfaisants dans le cas où l'objet [88] ou le capteur [50] bouge. D'autres solutions utilisent plusieurs capteurs et emploient la fusion de données 3D qui donne désormais de bons résultats [28].
– La possibilité d'un déploiement sous la forme d'un réseau de capteurs permettant ainsi la réalisation d'applications complexes par mutualisation des ressources de chaque capteur.

$Cyclope$ est aussi un capteur autonome, il doit limiter la consommation énergétique. Il est nécessaire de prendre en compte cette caractéristique dans toutes les étapes de la conception. La transmission sans fil est un inconvénient majeur de ce genre de capteur car elle est très consommatrice. Ceci justifie une reconstruction 3D dans le capteur car il permet de traiter sur place le maximum d'informations et de réduire ainsi au minimum les données à transmettre. Plusieurs auteurs montrent [14, 2, 78] que le traitement et la compression de l'information réduisent grandement le temps de transmission et la consommation énergétique d'un système embarqué. Ceci justifie d'autant plus l'importance de réaliser le maximum de traitements sur la puce et non de façon déportée. Pour de telles contraintes, l'utilisation de processeur ou DSP est généralement favorisée. Malheureusement, ces architectures ne sont pas adaptées à une application embarquée fortement intégrée. L'objectif est d'obtenir un bon compromis entre la performance, la capacité d'évolution et la consommation. Pour cela, les architectures parallèles *adhoc* apparaissent comme la solution la plus satisfaisante.

2.2.2.2 Architecture de *Cyclope*

Nous avons imaginé un capteur intégré regroupant dans le même composant tous les organes nécessaires à la réalisation de ses fonctions (voir figure 2.11).

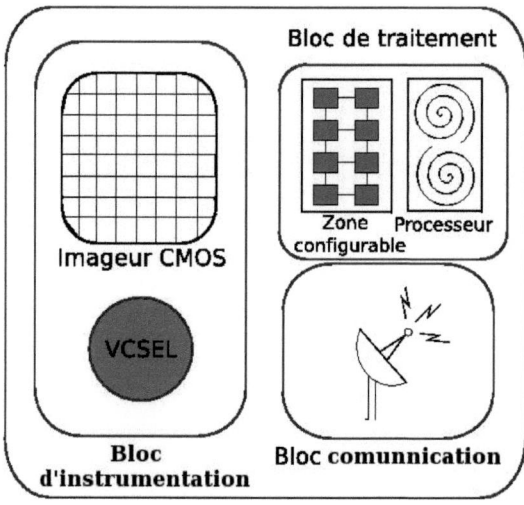

FIGURE 2.11 – *Cyclope* : l'intégration d'un SiP

Cyclope est composé de trois parties principales :
- un bloc d'instrumentation pour récupérer les informations visuelles nécessaires à la reconstruction du relief ;
- un bloc de traitement regroupant l'électronique de traitement des informations obtenues par le bloc d'instrumentation ;
- un bloc de communication RF pour transmettre les résultats des traitements et permettre la configuration du système.

2.2.2.2.1 Bloc d'instrumentation

Ce bloc contient les éléments nécessaires pour récupérer les informations permettant de reconstruire le relief. Il est constitué de deux parties principales :
- un imageur ;
- un projecteur de motif.

L'imageur est une matrice de pixels réalisée en technologie standard CMOS et à large spectre couvrant à la fois le visible et le proche infrarouge, soit environ de 350 nm à 1 100 nm. L'imageur fournit ces images à une cadence au moins égale à la cadence vidéo de 25 images par seconde.
Le projecteur de motif fournit une information qui doit permettre la reconstruction du relief par stéréovision active. La forme du motif est assez simple pour permettre l'intégration aisée du système, mais doit apporter assez d'informations pour faciliter les traitements 3D.

2.2.2.2.2 Bloc de traitement

Le bloc de traitement est constitué à la fois d'un microprocesseur basse consommation et d'une zone configurable. Cette combinaison permet de gérer les différents périphériques du circuit et d'effectuer en parallèle des traitements sur les informations issues de l'imageur.
Chacune de ces parties a une fonction bien précise :

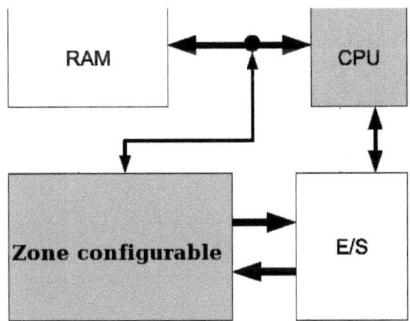

FIGURE 2.12 – Bloc numérique de traitement

- le microprocesseur exécute tous les algorithmes séquentiels qui ne requièrent pas d'accélération particulière et où l'utilisation de librairies logicielles est nécessaire ;
- la zone configurable exécute en parallèle les algorithmes de reconstruction 3D de façon optimale en terme de temps d'exécution et de consommation.

L'originalité de cette architecture mixte est que les traitements contenus dans la partie configurable peuvent changer au cours du temps pour permettre l'exécution de différentes tâches en temps réel.

Cette caractéristique permet d'avoir des architectures très performantes, fonctionnant avec des opérateurs parallèles qui autorisent des traitements rapides avec des algorithmes complexes et efficaces.

2.2.2.2.3 Bloc de communication

Le but de cette unité est double : tout d'abord, assurer la communication entre *Cyclope* et d'autres systèmes électroniques, et deuxièmement, permettre la configuration du bloc de traitement. Cette technique de configuration via une liaison RF est appelée OTA [11].

De plus, ce bloc permet la création d'un réseau de communication entre différents circuits de type *Cyclope* dans le but de construire un réseau de capteurs.

2.2.3 Principe de la reconstruction 3D de *Cyclope*

Le motif choisi est une matrice de points régulièrement distribués dans le cas d'une projection sur une surface plane (figure 2.13)[40].

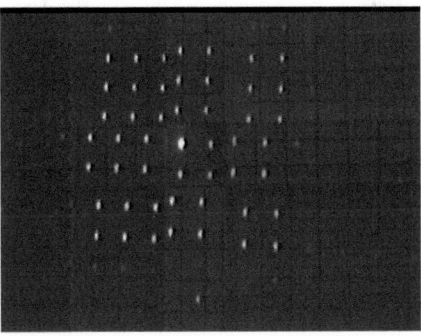

FIGURE 2.13 – Motif laser projeté sur une mire de calibration

---
11. Over-The-Air

Le motif a été choisi afin de faciliter le plus possible son intégration en répondant à des contraintes de taille et de consommation.

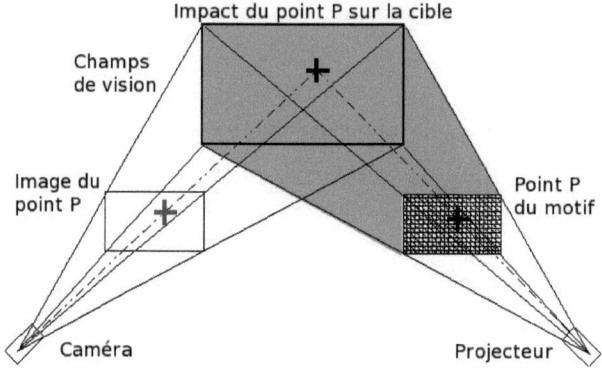

FIGURE 2.14 – Système stéréoscopique

Chaque point de la matrice projetée peut être considéré comme un point d'une image que nous connaissons à priori. La projection de ce point dans la seconde image (celle de la vraie caméra) appartient forcément à une droite, c'est la contrainte épipolaire [6]. La connaissance de ces droites épipolaires permet de faciliter grandement le problème d'appariement. Ici la reconstruction est réalisée par triangulation. Chaque point du motif projeté sur la scène est l'intersection de deux lignes (fig.2.14) :
– la ligne de vue, passant par le point du motif sur la scène et sa projection sur le plan image. Cette ligne peut être définie avec les paramètres intrinsèques et extrinsèques du modèle de la caméra.
– Le trait laser, partant du centre du projecteur et passant par le point du motif choisi. Cette ligne peut être définie par les paramètres du projecteur (position du centre focal et de l'angle de divergence des rayons).
Chaque point laser de l'image appartient à la projection du rayon laser sur le plan image. Comme les paramètres du rayon sont donnés par le constructeur, l'image de l'impact laser obtenue par l'intersection du laser et d'un objet de la scène, appartiendra toujours à la même droite. Cette projection correspond donc à la droite épipolaire. Il existe alors pour chaque point du maillage une équation définissant sa position possible dans l'image. L'équation 2.1 définit alors la droite épipolaire pour chaque rayon laser.

$$v = a \cdot u + b \quad avec \quad (a,b) \in \mathbb{R}^2 \tag{2.1}$$

Maintenant, considérons un point du motif issu d'un unique rayon projeté sur la scène sur deux plans distincts π_1 et π_2 se trouvant respectivement à une distance z_1 et z_2 du couple stéréoscopique (voir figure 2.15).
Les points du motif sont représentés par les intersections du rayon laser avec ces plans en p_1 et p_2 pour différentes profondeurs. Les images i_1 et i_2 de ces points sont les intersections des lignes de vue passant par ces points et par le centre optique de la caméra, avec le plan image. Ces deux images appartiennent à la droite épipolaire. Si l'on considère que le repère monde et caméra sont les mêmes, alors les rayons laser peuvent être assimilés aux droites épipolaires.
Il est alors possible de définir le déplacement d dans l'image par :

$$d = B f \frac{z_1 - z_2}{z_1 \cdot z_2} \Leftrightarrow z_2 = \frac{1}{\frac{1}{z_1} + \frac{d}{Bf}} \tag{2.2}$$

Où B et f sont respectivement la taille de la base stéréoscopique et la distance focale.
Maintenant, en considérant les images de i_1 et i_2 respectivement de coordonnées (u_1, v_1) et (u_2, v_2) et d représentant un déplacement sur une droite dans l'image :

$$d = \xi_u \cdot (u2 - u1) \qquad et \qquad d = \xi_v \cdot (v2 - v1)$$

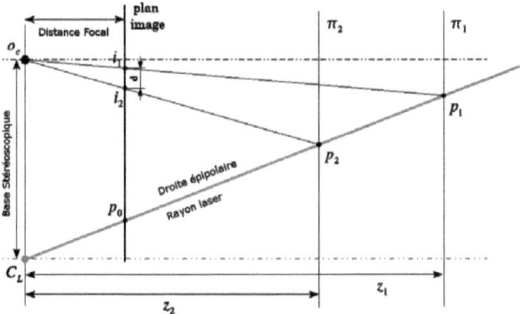

FIGURE 2.15 – Déplacement de l'image d'un point du motif en fonction de la distance

où $(\xi_u, \xi_v) \in \mathbb{R}^2$ sont des constantes.
Enfin, à partir de l'équation 2.2, si le point p_1 tel que $u_1 = 0$ nous obtenons une relation liant une des coordonnées image (u ou v) à la coordonnée monde z du point du motif :

$$z = \frac{1}{\alpha u + \beta} \qquad (2.3)$$

où α et β sont des paramètres qui seront déterminés lors de la phase de calibration.
Tous les autres paramètres sont également obtenus via une calibration différée [63][40].

2.2.3.1 Estimation de l'erreur de reconstruction

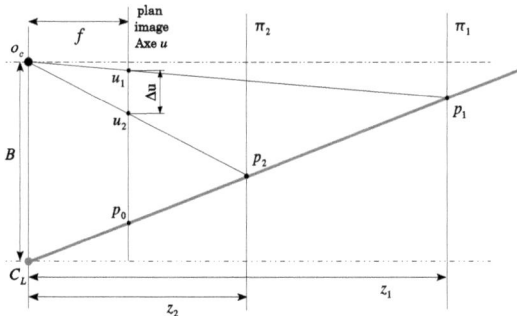

FIGURE 2.16 – Couple stéréoscopique et estimation de l'erreur

L'un des inconvénients de la stéréoscopie est l'existence d'une incertitude sur la mesure de la distance en plus de celle dûe aux traitements appliqués aux images.
Cette incertitude est liée à la discontinuité de l'image numérique et elle est proportionnelle au carré de la distance que nous mesurons.
Les mesures effectuées ici ont été réalisées avec une base stéréoscopique de 10 cm, une distance focale de 1,2 mm et un angle caméra projecteur de 27°.
La figure 2.16 représente la position relative des éléments du couple stéréoscopique et l'image des points laser sur le plan image suivant l'un des deux axes.
Il est possible de calculer la distance Δu entre les projections de deux impacts laser se trouvant respectivement aux distances z_1 et z_2. Par triangulation nous obtenons :

$$\Delta u = \frac{Bf(z_1 - z_2)}{z_1 z_2}$$

La distance minimale observable sur l'axe u du plan image est la dimension du pixel p_u. Pour cette raison nous verrons le même pixel pour deux points dont les images sont telles que $\Delta u < p_u$.
L'incertitude sur la profondeur Δz est la différence entre les deux profondeurs z_1 et z_2 de deux points dont les images se trouvent à un pixel de distance dans l'image. Nous pouvons ainsi l'estimer par :

$$p_u = \frac{Bf\Delta z}{z_1 \cdot (z_1 - \Delta z)}$$

d'où

$$\Delta z = \frac{p_u z^2}{Bf + p_u z} \qquad (2.4)$$

Cette équation a été obtenue en utilisant un modèle projectif simplifié sans prendre en compte les transformations entre les différents repères. Cela nous permet tout de même d'avoir une idée sur la variation de cette incertitude avec la distance.
Pour estimer cette incertitude sur notre système, nous avons pris une série d'images du motif laser projeté sur le plan utilisé pour le calibrage. Ces images ont été prises à des distances différentes de celles utilisées pour le calibrage.
La figure 2.17 montre la courbe d'interpolation sur le modèle d'incertitude. L'identification des paramètres de ce modèle rend possible la quantification expérimentale de l'incertitude sur les mesures effectuées par la suite.

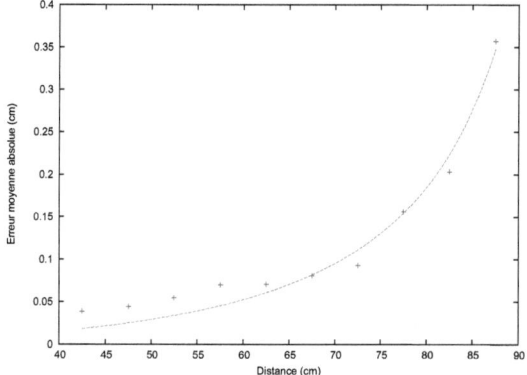

FIGURE 2.17 – Erreur moyenne absolue en fonction de la distance

2.2.3.2 Evolution de la précision en fonction de la base stéréoscopique

La formule d'incertitude de la mesure qui vient d'être présentée dépend de deux facteurs :
– des caractéristiques intrinsèques de l'imageur, à savoir la dimension du pixel et la distance focale ;
– des dimensions physiques du système stéréoscopique.
Ainsi, pour une distance donnée d, l'erreur est inversement proportionnelle au dimension de la base stéréoscopique.
Le tableau ci-dessous donnent l'erreur relative pour différentes profondeurs pour une base stéréoscopique de 0,5 cm et de 1,5 cm avec le capteur VS6502 de ST microélectronics. La taille du pixel est ici de $5 \times 5\mu\ m^2$.
Ces résultats montrent tout d'abord qu'un capteur intégré avec une base stéréoscopique de 5 mm peut être envisagé pour des applications ne nécessitant de voir que jusqu'à une dizaine de centimètres. Un capteur ayant une base stéréoscopique de dimension plus importante permettrait d'obtenir une bonne précision pour des

Base de 0,5 cm		Base de 1,5 cm	
Distance cm	Erreur %	Distance cm	Erreur %
5	1,01	5	0,34
10	2	10	0,68
50	9,26	50	3,29
100	19,93	100	6,37

TABLE 2.5 – Erreur de distance en fonction de la base stéréoscopique

applications jusqu'à 1 m de distance et pourrait être utilisé dans des réseaux de capteurs pour la reconstruction de scènes de taille plus grande.

Le tableau 2.6 résume les caractéristiques de la première version du démonstrateur. C'est sur ce constat que mes travaux de thèse ont débuté.

Nature de la reconstruction	active
Base stéréoscopique	10 cm
Erreur de reconstruction	< 2% à 150 cm
Séparation motif	Traitement d'image
Transmission des données	Carte SD

TABLE 2.6 – Synthèse du démonstrateur V1

2.3 Problématique

L'architecture que nous proposons pour réaliser un capteur de vision 3D intégré, adresse plusieurs problèmes liés à l'utilisation de la stéréoscopie active : l'intégration du capteur, la faible consommation énergétique et le respect d'une contrainte de type temps réel.

Dans une première partie de l'étude visant à l'intégration de la vision 3D, dans le cadre des travaux d'une thèse, nous avons proposé des solutions d'architectures numériques pour réaliser le bloc de traitement.

La seconde partie de l'étude, qui concerne directement mes travaux de thèse, concerne l'étude des solutions pour réaliser le bloc d'instrumentation.

Les traitements de *Cyclope* qui ont été déjà réalisés répondent aux contraintes à l'exception d'un : la méthode actuelle d'acquisition est rudimentaire et consistait en ce qui suit :

1. l'acquisition de la texture est réalisée avec le projecteur éteint dans des conditions d'éclairage optimales car contrôlées ;
2. l'acquisition du motif se fait dans l'obscurité la plus totale.

La séparation du motif et de la texture est donc naturellement effective car l'acquisition du motif est totalement indépendante de la scène ou des conditions d'éclairage. Cela permet de s'abroger des problèmes que peut engendrer l'acquisition lors de l'exécution des algorithmes de reconstruction.

Le chapitre 2.1.3 a explicité les inconvénients d'une méthode optique. De par sa nature, elle est particulièrement tributaire de la qualité de l'acquisition. Le capteur doit pouvoir capturer la texture de la scène et le motif, qui est noyé dans la scène, tout en satisfaisant les contraintes globales du système.

En partant de ce constat, un certain nombre de questions se pose :
– Tout d'abord quel est le meilleure solution en terme d'instrumentation d'acquisition ?
– Ensuite quel sont les méthodes possible permettant la discrimination d'un motif dans une scène ?
– Enfin, quel sont les mises en oeuvre envisageables pour répondre aux contraintes de *Cyclope* ?
Ces trois questions sont résumées dans la problématique de cette thèse :
Comment définir, concevoir et mettre en oeuvre la partie d'instrumentation destinée à l'acquisition des informations utiles, c'est à dire la texture et le motif, et à la projection du motif ?

Chapitre 3

La stéréovision intégrée : état de l'art

Sommaire

3.1	**Les avancées de la stéréovision intégrée**	**34**
3.2	**Les capteurs de reliefs**	**35**
	3.2.1 Capteur de Rielg	35
	3.2.2 Le SR3000 du SCEM	35
	3.2.3 Capteur de Konolige	36
	3.2.4 Capteur de l'ITC-IRST	37
	3.2.5 Capteur de Oike	37
	3.2.6 Capteur de Lavoie	38
	3.2.7 Bilan des capteurs de reliefs intégrés	38
3.3	**Les projecteurs laser**	**39**
	3.3.1 Les diodes laser à cavité verticale émettant par la surface	40
	3.3.2 Les VCSELs accordables	41
	3.3.3 Les lasers sur silicium	41
	3.3.4 Bilan du projecteur laser	41
3.4	**Les méthodes de séparation arrière-plan/motif**	**42**
	3.4.1 Filtrage optique	42
	3.4.2 Technologie de semi-conducteur adaptée	44
	3.4.3 Traitement d'images	45
3.5	**Bilan**	**46**

L'état de l'art d'un projet n'est pas seulement un historique ou un récapitulatif des travaux adjacents, mais une part importante de la justification de ses solutions.

Ce chapitre est un état de l'art portant sur trois aspects de la problématique de mes travaux de recherche :
1. l'intégration de systèmes de vision et stéréovision ;
2. l'intégration monolithique de source lumineuse ;
3. les solutions de séparation spectrale possibles actuellement.

3.1 Les avancées de la stéréovision intégrée

Depuis plusieurs années la dynamique de recherche dans ce domaine est telle que de nombreuses méthodes de restitution du relief ont été mises au point. Par exemples, les méthodes de stéréovision passives [8] [17], actives [47] [103], ou encore les méthodes basées sur le temps de vol d'une impulsion lumineuse (ondes monochromatiques) [37] [57]. Jusqu'alors, ces méthodes étaient coûteuses en ressources matérielles et/ou temporelles et leurs domaines d'applications étaient limités. Elles ne pouvaient ni être utilisées dans des systèmes embarqués pour des raisons d'encombrement ni servir dans des applications temps réel à la cadence vidéo classique, c'est à dire 25 images par seconde.

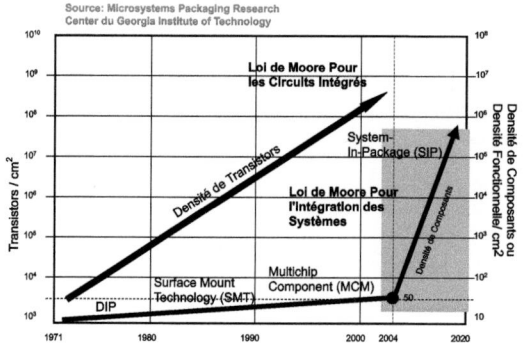

FIGURE 3.1 – Evolution de la densité d'intégration et de la densité fonctionnelle

Les constantes évolutions dans le domaine de la microélectronique ont permis une augmentation de la densité d'intégration, et cette évolution suit la loi de Moore (figure 3.1). Cette densité est telle qu'il est possible de concevoir des circuits intégrés réalisant de plus en plus de fonctions complexes sur une surface de silicium en constante diminution. Ces systèmes sur puce (SoC [1]) réalisent les fonctions d'un système complet. En parallèle, se sont développés des systèmes de vision sur puce (VSoC [2]), ou rétines artificielles électroniques [77], qui regroupent toutes les fonctions nécessaires à la vision. Les capacités de traitement, ainsi que les architectures qui peuvent y être rattachées, ont été étudiées par A.Moini [65].

Malheureusement, il est parfois impossible de faire cohabiter sur une même puce des fonctions dont différentes technologies de fabrication sont nécessaires pour l'optimisation du système. Pour cela il existe d'autres solutions pour arriver à un niveau d'intégration similaire. Les MCM [3] ou les SiP [4] [92] qui permettent de regrouper sur le même substrat ou dans un boîtier les fonctions du système réalisées dans la technologie qui lui convient le mieux par des techniques d'assemblage et de collage. Une telle approche permet la cohabitation d'unités de traitement numériques réalisées en technologie CMOS avec des unités de radiocommunication ou optiques ($SiGe$ ou $AsGa$). Comme nous le constatons sur la figure 3.1, la densité d'intégration d'un SiP tend à se rapprocher de celle d'un SoC.

---

1. System on Chip
2. Visual Systel on Chip
3. Multichip Component
4. System In Package

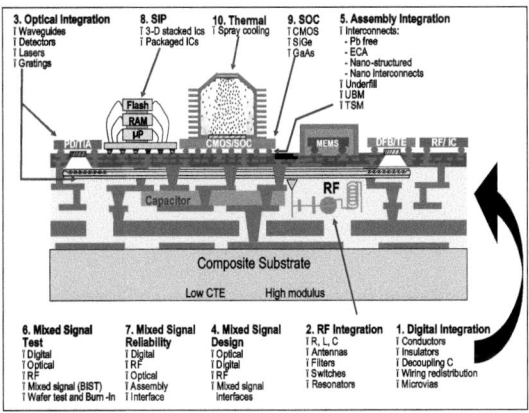

FIGURE 3.2 – Intégration d'un *SoP* par Tummala

Une autre forme d'intégration a été présentée comme le niveau absolu de l'intégration par Tummala [100][99] [101]. Il s'agit de SoP [5]. Cette approche a pour but de faire converger les différentes technologies vers des composants de plus petites dimensions qui regroupent des fonctions nouvelles de communication tout en étant le plus efficace possible (figure 3.2). L'intégration est telle que le boîtier fait partie du système en comportant en son sein les composants passifs, les lignes de communication et les éléments optiques.

Même si l'intégration à haut niveau de systèmes devient de plus en plus réelle et aboutie, certains domaines rendent cette intégration plus délicate.La partie suivante est un état de l'art des capteurs de relief représentatifs des méthodes de reconstruction couramment utilisées. Les capteurs présentés sont pour la plupart embarqués et non intégrés même si certains s'en approchent, ce qui traduit un véritable vide dans l'intégration de système de vision 3D.

3.2 Les capteurs de reliefs

Comme il a été expliqué dans le chapitre précédent, il existe plusieurs manières de reconstruire une scène en trois dimensions. Cependant, je me limite ici aux méthodes de reconstruction optique, c'est à dire que l'information de relief est fournie par l'analyse d'un flux optique quelque soit sa nature : texture, laser, illumination uniforme d'une scène, etc...
L'une d'entre elles est la reconstruction par temps de vol qui est à la base du capteur présenté dans la section qui suit.

3.2.1 Capteur de Rielg

Le capteur de *RIEGL Laser Measurement Systems GmbH* (figure 3.3) en association avec *Nikon Instruments* [102] permet une reconstruction panoramique à grande distance, c'est à dire pouvant aller au delà de 1000 mètres. Il combine un système de balayage à 360° très précis avec un capteur de type temps de vol utilisant un laser pulsé de classe 3R, c'est à dire non dangereux pour les yeux sauf au travers d'appareil focalisant, afin de respecter les normes de protection optique. Mais le *RIEGL* comble un vide jusqu'alors présent dans ce genre de capteur : l'acquisition de la texture est directement obtenue et n'est pas déduite de l'amplitude du signal reçu. Même si ce capteur garde des dimensions compactes, une application intégrée ne peut être envisageable. La puissance nécessaire, de l'ordre de 60 W, en fait un système limité à certains domaines tels que la cartographie de la topologie environnementale, la reconstruction de larges édifices, etc.

---

5. System on Package

FIGURE 3.3 – Capteur *LMS-Z420* de RIEGL Laser Measurement Systems GmbH

3.2.2 Le SR3000 du SCEM

Le capteur *SwissRanger3000*, visible sur la figure 3.4, issu du SCEM [70] est une parfaite démonstration d'une application de reconstruction 3D par temps de vol utilisant une source modulée nécessitant une miniaturisation des systèmes.

FIGURE 3.4 – Capteur *SwissRanger 3000* du SCEM

Ce capteur est destiné aux diverses applications, mais deux en particulier peuvent être citées :
– la première est la surveillance de la présence et de la corpulence d'un passager dans une voiture afin d'adapter le comportement des organes de sécurité tels que les ceintures et les airbags. Ces éléments ne doivent pas réagir de la même manière lorsque le passager est un enfant ou un adulte (figure 3.5) ;
– l'autre application envisageable est la conception d'interface virtuel homme - machine (figure 3.6), qui fonctionne à la manière d'un écran tactile virtuel.

Le SR3000 est basé sur une technique de reconstruction par temps de vol en utilisant une mesure de distance continue avec une source d'illumination modulée à fréquence fixe. Ainsi la distance entre la scène et le capteur est déterminée par le déphasage de l'onde reçue par rapport à l'onde émise. Ce déphasage est mesuré pixel par

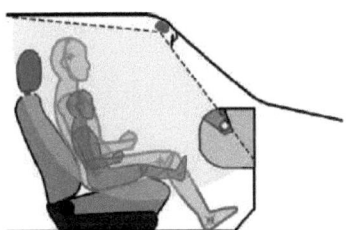

FIGURE 3.5 – Surveillance des paramètres physiologiques du passager

FIGURE 3.6 – Interface homme-machine virtuelle

pixel, il en résulte une carte de profondeur. Chaque pixel possède la capacité de démoduler le signal reçu en utilisant une méthode de *Lock-in Pixel* [10], la phase du signal ainsi obtenue est comparée au signal émis. De plus, une image en niveaux de gris est générée à partir de l'amplitude du signal reçu pixel par pixel.

Ce capteur 3D est composé de trois parties distinctes :

- le capteur d'image 3D intégré a été conçu en partenariat avec la société *ZMD* afin d'optimiser au mieux les performances de l'imageur pour avoir un pixel d'une grande sensibilité et permettre une démodulation de quelques dizaines de MHz à environ une centaine. Chaque pixel intègre une fonction de suppression d'arrière-plan.
- L'électronique de contrôle est constituée d'un empilement de trois circuits imprimés : le premier contrôle et alimente le capteur d'image, le second estime en temps réel la qualité de la mesure et applique les premiers filtres et traitements d'images. Enfin, le troisième est l'interface de communication.
- L'illumination de la scène est basée sur une série de diodes électroluminescentes émettant dans le proche infrarouge. Cette solution a été adoptée afin d'assurer un faible coût et une sécurité pour l'oeil.

Malheureusement, le choix de faire un capteur faible coût a entraîné un certain nombre de limitations. Ainsi la préférence pour une source d'illumination de type matrice de LED impose une taille de système relativement importante, le boîtier d'encapsulage fait 50 mm * 48 mm * 67 mm. De plus, la consommation est proche de 10 W ce qui est incompatible avec un haut niveau d'intégration.

3.2.3 Capteur de Konolige

Avec la miniaturisation de la robotique, il devenait nécessaire de disposer de systèmes de vision adaptés en termes de poids et de consommation. Ainsi, en 1997, le *SRI International* et plus particulièrement K. Konolige ont conçu un capteur basé sur la stéréoscopie passive destiné à la robotique [55].
Il est composé de quatre parties :
– deux caméras CMOS d'une résolution de *320*240* ; la base stéréoscopique étant de quelques centimètres ;
– des convertisseurs analogiques/numériques faible consommation ;
– un DSP pour le traitement d'image ;
– une mémoire flash pour le stockage du programme.

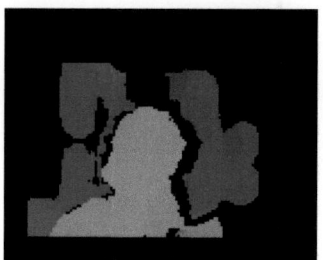

(a) Image de la scène à reconstruire   (b) Carte de disparité

FIGURE 3.7 – Résultat des systèmes de vision miniaturisés

Les systèmes de vision miniaturisés de Konolige permettent la reconstruction via le principe de disparité. La détermination de la carte des disparités permet l'établissement d'une image en niveau de profondeur. Un exemple de résultat est présenté sur la figure 3.7.
La dernière version de ce capteur a été développée en 2006 sous la forme d'un *Stéréo on Chip* [21]. La résolution est de *640*480* et grâce à l'utilisation d'un FPGA la consommation moyenne est inférieure à 1 Watt tout en fournissant les images et la carte des disparités.
Le système de vision stéréoscopique est performant et relativement compact, mais sa limitation tient en trois principaux points :
– une consommation beaucoup trop importante. En fonction du type d'implémentation choisie et de la robustesse de l'algorithme, la consommation peut atteindre 4W.
– Les dimensions de la base stéréoscopique restent relativement importantes. Les dimensions du système actuel vont de 9 cm à 30 cm.
– La stéréoscopie passive nécessite un appariement robuste et peut s'avérer impossible dans le cas de scènes peu texturées ou trop uniformes (cf chapitre précédent). Dans le cas d'une exploration intestinale le risque d'avoir un appariement difficile est trop important en considérant les deux contraintes précédentes.
Ces trois points mettent en avant le faible taux d'intégrabilité d'un tel capteur.

3.2.4 Capteur de l'ITC-IRST

La vision active nécessite la projection d'un motif sur la scène à reconstruire. Ainsi une équipe de l'*ITC-IRST* et le groupe *NRC* du Canada [38] proposent une solution de capteur de vision 3D. L'objectif de ce projet est l'intégration du principe illustré figure 3.8 où l'acquisition/reconstruction de la scène est possible grâce à la projection d'un point laser venant balayer la cible.

Ce capteur intègre une diode de synchronisation bi-cellules qui contrôle le modèle de balayage effectué via des galvanomètres et un capteur de position du spot lumineux. Ce dernier est en fait une hybridation de deux types de capteurs, chacun ayant des avantages [61] :
– un capteur de position à réponse continue, connu pour sa capacité à fournir une information du centre de la tache avec une faible incertitude de mesure, mais il est sensible aux arrières-plans fortement irradiants ;
– un capteur de position à réponse discrète, connu pour sa très bonne précision de détection.

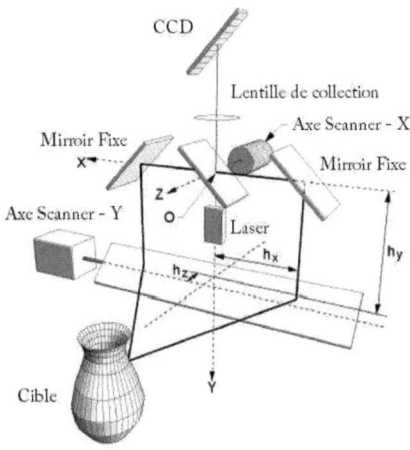

FIGURE 3.8 – Principe schématisé du *NRC* basé sur un balayage auto-synchronisé

Le premier capteur permet de déterminer une fenêtre autour de la zone d'intéressement, ici le point laser, permettant ainsi au second capteur de mesurer avec précision le centre de la tache. Une fois le centre déterminé, le calcul de la distance est fait par un algorithme de triangulation classique.
La figure 3.9 est une vue schématique de ce capteur. Un élément optique va décomposer le faisceau laser réfléchi en quatre composantes :
– la composante blanche d'ordre zéro est directement envoyée sur le capteur de position à réponse discrète ;
– les trois composantes RGB de premier ordre sont envoyées sur trois capteurs de position à réponse continue afin d'avoir une information sur la couleur.

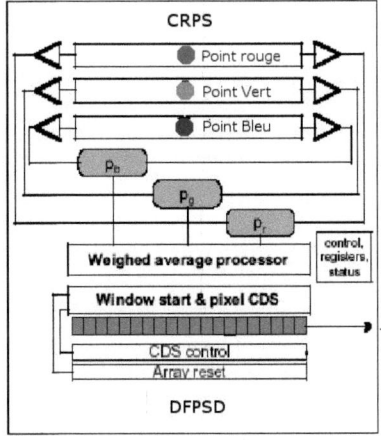

FIGURE 3.9 – Schématique du capteur *CRPS-Ds*

Le capteur CMOS lui-même dispose de quelques particularités : premièrement, chaque pixel dispose d'une capa-

cité d'intégration variable afin de toujours utiliser une dynamique optimale pour limiter les effets de saturation. Deuxièmement, le circuit de lecture a un gain en tension variable qui permet de sélectionner automatiquement une fenêtre de sortie. Pour finir, la taille de la zone sensible des pixels est de $48*500\ mm^2$. Cette surface est suffisamment importante pour minimiser les effets du type *Speckle*[6] en diminuant l'échantillonnage spatial. Néanmoins, bien que les premiers résultats de reconstruction soient encourageants, ce type de capteur intégré reste limité, notamment :
- il est impossible d'utiliser un imageur de définition au moins égale au format VGA ($640*480$); la bande passante de l'imageur doit être extrêmement importante pour assurer une vitesse de lecture de l'image suffisante;
- l'adjonction d'un élément optique de décomposition spectrale est obligatoire et complique le processus de fabrication et d'intégration.

3.2.5 Capteur de Oike

Une autre méthode de stéréoscopie active est présentée par Oike [72, 71]. Il s'agit là aussi d'un capteur basé sur celle-ci. La différence réside dans le fait que le motif projeté est un motif plan, ce qui permet un contrôle du balayage suivant un seul axe et non deux comme c'est le cas lors de la projection d'un point unique. Ce genre de méthode est parfaitement adapté à une utilisation de contrôle de qualité non destructif sur une chaîne de montage; le balayage de la pièce se faisant alors automatiquement par son déplacement. Afin de pouvoir reconstruire une pièce en trois dimensions en temps réel, le capteur de *Oike* est capable de générer une carte de profondeur à une cadence de 23 cartes par seconde tout en offrant une précision de 0,83 mm à une distance de 1 200 mm. Pour offrir de telles performances ce système est composé :
- d'un capteur d'images capable de détecter la position du plan laser projeté et par une méthode de fenêtrage autour de la zone d'intérêt, atteindre une cadence de 47000 images par seconde à partir d'une résolution de $640*480$;
- d'un FPGA qui contrôle le détecteur de position, le projecteur laser, et qui pré-traite les données de distance tout en évitant les redondances pour assurer une cadence de reconstruction la plus élevée possible.

La quantité de données à traiter pour atteindre une cadence de reconstruction élevée nécessiterait une bande passante très importante. Par exemple dans le cas d'une matrice de 1 M pixel, et d'une capacité de 30 000 *fps*[7], la bande passante serait de 30 G*bps*[8]. Ainsi *Oike* a mis au point une méthode de fenêtrage permettant de se focaliser sur le plan laser et de diminuer ainsi la quantité d'informations utiles.

Le capteur d'image est de type APS[9] composé d'une photodiode et de trois transistors de contrôle. Le circuit de lecture est classique et permet une organisation de lecture par colonne. Lors de la lecture, un seuil adaptatif permet de déterminer la position actuelle du laser. Le seuil est défini par rapport au pixel le plus sombre. A partir de ce moment et connaissant la vitesse de balayage du laser, une unité de contrôle associée à un convertisseur analogique/numérique va activer et lire les pixels d'une colonne l'une après l'autre.

Cette architecture permet une reconstruction temps réel d'une pièce tout en offrant un niveau de précision important avec une erreur moyenne d'environ 2 mm, mais comme dans le cas de la plupart des détecteurs de mouvement, il est impossible d'avoir la texture de l'objet de manière directe. De plus, ce capteur nécessite d'une manière ou d'une autre un balayage de la scène par le laser, ce qui implique la présence de partie mécanique difficilement intégrable.

3.2.6 Capteur de Lavoie

Pour remédier au problème que posent les systèmes de vision 3D nécessitant un balayage de la scène, P. Lavoie de l'Université d'Ottawa a proposé une reconstruction via la projection d'un motif structuré permettant d'avoir en une seule image toutes les informations de la scène, sans connaissance à priori de la position et de l'orientation de la caméra [59]. Pour assurer une reconstruction précise, une phase de calibration est obligatoire pour déterminer les paramètres intrinsèques et extrinsèques du couple stéréoscopique caméra/projecteur. La méthode présentée est similaire à celle de Salvi [89]. Lors de la projection d'une grille de lignes sur une scène, afin d'en avoir toutes

---

6. L'effet de tavelure intervient dans le profil énergétique de la tâche laser qui souffrira d'un effet de *granularité* suivant une loi de poisson. Ce phénomène est variant dans le temps en présence de diffuseurs mobiles individuels, tels que des cellules sanguines
7. Frame Per Second
8. Giga Bit Per Second
9. Active Pixel Sensor

les informations en une seule image. Il peut y avoir une ambiguïté comparable à celle de correspondance dans une technique de fusion d'images (stéréoscopie passive). Afin d'éviter cette ambiguïté, c'est à dire d'identifier avec certitude le point d'intersection des lignes que l'on traite, P. Lavoie a opté pour un motif de lignes en couleurs pseudo-aléatoires (figure 3.10). La génération d'une séquence multi-valeurs pseudo-aléatoires permet d'avoir une combinaison unique d'intersections de lignes de couleur, cinq couleurs dans le cas présent. La mémorisation de cette séquence sous la forme d'une LUT [10] permet une identification unique et immédiate du point d'intérêt. Une fois les points extraits, la représentation 3D est faite à l'aide de courbes NURBS [11] qui correspondent à une généralisation des B-splines [12] [76].

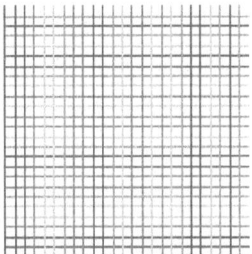

FIGURE 3.10 – Motif projeté pour une reconstruction 3D : encodage pseudo-aléatoire d'une grille couleur

Ce capteur apporte certaines solutions à des problèmes existants avec des méthodes par balayage telles qu'une reconstruction pouvant se faire en une seule et unique image. Mais l'adoption d'un motif en couleur peut dans certains cas être discriminant, en particulier dans les environnements dont les textures peuvent dénaturer les couleurs d'origine, ce qui rendrait l'identification des points d'intérêt impossible. De plus, la génération d'un motif en couleur est complexe.

3.2.7 Bilan des capteurs de reliefs intégrés

Ce panorama des capteurs est un bon échantillonnage des méthodes intégrées ou intégrables et embarquées du domaine de la stéréoscopie. Le tableau suivant résume les différents aspects des capteurs ici présentés. Ainsi, deux points ont été retenus pour leur évaluation :
- l'intégrabilité qui correspond à la capacité du système à répondre à des contraintes simultanées d'encombrement et de consommation ; ces deux points sont d'une importance capitale dans le sens où le premier détermine la faisabilité du système, tandis que le second assure son fonctionnement temporel ;
- la précision qui indique l'aptitude à restituer une information fidèle à la réalité.

Capteur	Intégrabilité	Précision	Point faible
LMS-Z420 Temps de vol Mode pulsé	mauvaise	20 mm à 1 km	– consommation – encombrement
SwissRanger3000 Temps de vol Mode continu	moyenne	10 mm à 30 cm	– encombrement – électronique complexe
Konolige Stéréovision passive	moyenne	10 mm à 20 cm	– appariement difficile – taille base stéréoscopique
ITC-IRST	bonne (capteur)	NC	– miroir mobile
Suite page suivante ...			

---

10. Look Up Table
11. Non-Uniform Rational Basis Splines
12. Courbes d'ajustement conformants aux principes de *Bézier*

Capteur	Intégrabilité	Précision	Point faible
Continuation de la page précédente			
Stéréovision active Point laser	mauvaise (projecteur)		– pas de texture – balayage
Oike Stéréovision active Plan laser	bonne	NC	– balayage – pas de texture
Lavoie Stéréovision active Motif couleur	très bonne	NC	– erreur si couleurs du motif dénaturées

TABLE 3.1 – Bilan des capteurs de relief

Ce tableau fait ressortir certains points intéressants :
- les méthodes de reconstruction par temps de vol permettent d'avoir une très bonne précision, mais ceci est permis en ayant une électronique du capteur complexe pour assurer une grande qualité de mesure ;
- la stéréovision passive utilisée dans le capteur de Konolige montre ses limites en terme d'intégration du fait de la précision des mesures qui est directement liée à la taille de la base stéréoscopique ; de plus, les algorithmes d'appariement doivent être suffisamment robustes et donc complexes pour assurer une bonne reconstruction ;
- les capteurs de Oike ou de l'*ITC-IRST* offrent un très bon degré d'intégration ainsi qu'une bonne précision ; malheureusement, ces deux capteurs présentent deux inconvénients majeurs : le balayage de la scène suivant un axe défini entraîne l'utilisation de parties mobiles dans un cas, et aucun d'entre eux ne permet une acquisition de la texture ;
- la projection de motif structuré sur la scène telle que le présente Lavoie est l'une des meilleures alternatives ; cependant, si les couleurs sont dénaturées, l'appariement sera erroné.

Il résulte de cet état de l'art sur les capteurs de vision 3D intégré que malgré la diversité des travaux réalisés, aucun ne peut satisfaire aux contraintes définies dans le cadre du projet *Cyclope* : fort degré d'intégration, grande précision et traitement temps réel.

Dans le cadre d'une stéréoscopie active intégrée, notre attention ne doit pas seulement se porter sur les méthodes à proprement dites (reconstruction par balayage d'un point ou plan, projection d'un motif) ou sur les algorithmes de reconstruction. L'intégrabilité des projecteurs de motif est un autre point sur lequel il est obligatoire de débattre. C'est ce que je me propose de faire dans la partie suivante en décrivant un panel de choix possibles par l'intermédiaire d'un état de l'art des projecteurs de motif intégrables existants.

3.3 Les projecteurs laser

Tous les systèmes de vision active ont pour point commun la projection de motif sur la scène à reconstruire. Il existe plusieurs technologies pour concevoir un projecteur : diodes laser, diodes laser à cavité verticale émettant par la surface, etc. De plus, ces solutions peuvent être modulées, continues ou pulsées et organisées sous forme matricielle ou bien couplées à une optique de diffraction.

Le diagramme 3.11 présente une classification possible des projecteurs laser intégrables. Parmi les diodes laser, on peut distinguer deux familles :
- les diodes émettant par la tranche, VCSEL ;[13]
- les diodes émettant par la surface, par exemple diodes ECSL [14], DFB [15] ou DBR. [16]

L'intérêt majeur d'une émission par la surface par rapport à une émission par la tranche réside dans un angle de divergence du faisceau laser faible. C'est pourquoi nous ne nous intéressons qu'à ce type de source laser. De plus, ce type de diode permet une intégration telle que le laser soit naturellement perpendiculaire au plan du circuit.

---

13. Vertical-Cavity Surface-Emitting Laser
14. External Cavity Semiconductor Laser
15. Distributed Feedback
16. Distributed Bragg Reflector

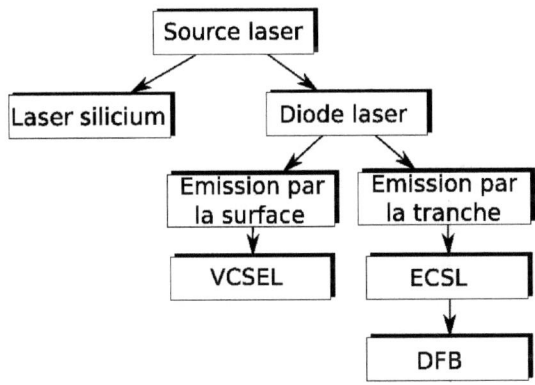

FIGURE 3.11 – Classification des sources laser

3.3.1 Les diodes laser à cavité verticale émettant par la surface

L'une des solutions envisageables est la diode laser à cavité verticale émettant par la surface ou VCSEL. La première a été présentée en 1979 par Soda, Iga, Kitahara et Suematsu, et c'est en 1989 que des dispositifs dont le courant de seuil était inférieur à 1mA sont apparus. Cependant, c'est seulement en 1997 que les procédés de fabrication ont pu être considérés comme suffisamment mûrs [16].

En 2005, les diodes laser à cavité verticale émettant par la surface ou VCSEL ont déjà remplacé les lasers émettant par la tranche pour les applications de communication par fibre optique à courte portée telles que les protocoles Gigabit Ethernet. Ceci peut s'expliquer par trois facteurs prépondérants :
– une VCSEL émet par sa surface, c'est à dire que l'émission du laser se fait de façon perpendiculaire à sa surface ; ceci facilite grandement son intégration par rapport aux diodes laser qui émettent par la tranche ;
– la grande ouverture de sortie des VCSEL, par comparaison avec la plupart des lasers émettant par la tranche, produit un angle de divergence du faisceau plus petit ; ainsi, il est possible de connecter une VCSEL à une fibre optique avec une haute efficacité de couplage ;
– la fréquence de modulation peut dépasser 1 GHz [13], ce qui justifie son application dans des domaines requérant un fort débit de communication.

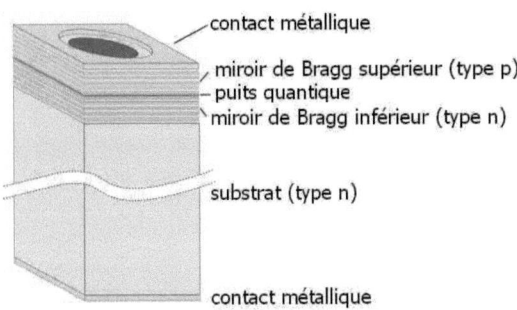

FIGURE 3.12 – Structure d'une VCSEL simple

Le résonateur (ou amplificateur) laser est constitué de deux éléments principaux comme montré sur la figure 3.12 :
- de deux miroirs de Bragg parallèles à la surface du wafer ; il s'agit en fait de couches alternant un fort et faible indice de réfraction obtenu par dopage ; l'épaisseur de chaque couche est du quart de la longueur d'onde du laser dans le matériau, permettant ainsi d'obtenir un facteur de réflexion supérieur à 99%, des miroirs à haut facteur de réflexion sont nécessaires pour compenser la faible longueur du milieu amplificateur ;
- d'une région active constituée d'un ou plusieurs puits quantiques permettant la génération du faisceau laser.

Dans la plupart des VCSELs, les miroirs supérieurs et inférieurs sont des matériaux dopés respectivement de type p et n, formant une jonction $P-N$. Dans certaines VCSELs plus complexes, les régions p et n peuvent être enterrées entre les miroirs de Bragg, cela implique un procédé plus complexe pour réaliser le contact électrique avec le milieu amplificateur, mais limite les pertes électriques dans les miroirs de Bragg.

Les matériaux utilisés dépendent de la longueur d'onde souhaitée. De 650 nm à 1 300 nm, les wafers sont en arséniure de gallium ($GaAs$). Les miroirs de Bragg sont composés d'une alternance de couches de $GaAs$ et d'arséniure de gallium-aluminium ($AlxGa(1-x)As$). L'alternance $GaAs/AlGaAs$ est intéressante pour la construction de VCSELs, car la constante de réseau du matériau varie peu lorsque la composition change, permettant ainsi la croissance épitaxiale de multiples couches sur substrat $GaAs$ avec accord de maille. Par contre, l'indice de réfraction de l'$AlGaAs$ varie fortement en fonction de la fraction volumique d'aluminium : cela permet de minimiser le nombre de couches requises pour obtenir un miroir de Bragg efficace (en comparaison avec d'autres matériaux). Des dispositifs permettant d'obtenir des faisceaux entre 1 300 nm et 2 000 nm existent, ils sont constitués de phosphure d'indium au moins pour leur milieu amplificateur.

3.3.2 Les VCSELs accordables

Depuis une quinzaine d'années, de nombreuses recherches ont été faites sur les VCSELs accordables, c'est à dire où la longueur d'onde peut être modifiée. La première VCSEL accordable a été réalisée par Fan de l'Université de Californie en 1994 [29]. La modification de la longueur d'onde était alors obtenue par effet électrothermique sur une plage de 10.1 nm. Deux autres approches ont été rendues possible par la maturité des technologies MEMS, en utilisant un micro-miroir qui se déplaçait électromécaniquement [105, 58]. Le gain d'accordabilité n'était nettement supérieur que dans le cas de Fan en atteignant respectivement 15 nm et 31 nm. Les travaux de thèse Bakouboula [5] ont proposé une autre approche dans le domaine des VCSELs accordables. L'accordabilité du faisceau laser est assurée par un miroir de Bragg InP/Air qui accorde la cavité résonnante formée d'air et de semi-conducteurs, dans laquelle sont enterrés les puits quantiques $InGaAs$. La figure 3.13 montre la structure d'une VCSEL accordable.

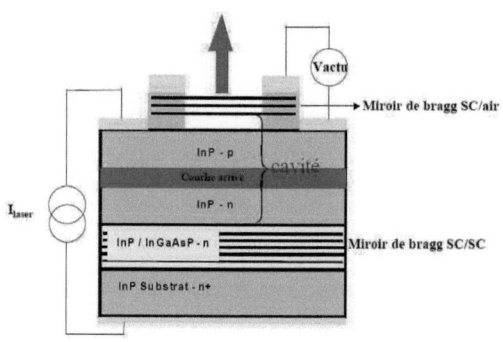

FIGURE 3.13 – Structure d'une VCSEL accordable

Les VCSELs accordables ouvrent des voies intéressantes dans le domaine médical, et plus particulièrement, dans celui de la spectroscopie [79]. En effet, lorsqu'un tissu organique est bombardé par un faisceau laser, celui-ci va répondre d'une manière spécifique pour une longueur d'onde donnée. Pour l'instant, les longueurs d'onde sont sélectionnées via plusieurs filtres optiques. Ce procédé est par exemple utilisé pour déterminer la nature d'un corps tumoral sans avoir à effectuer une biopsie.

Le principal inconvénient des projecteurs de type VCSEL est que leur processus de fabrication ne les rend pas directement compatibles avec des technologies classiques de silicium. De plus, les coûts de fabrication et la complexité de ces semi-conducteurs interdisent une production industrielle. L'une des solutions est alors l'intégration du projecteur en arséniure de gallium et de l'électronique en silicium dans un *System In Package* par des techniques de collage. Certaines études ont été menées dans le but de réaliser un couplage entre les VCSELs et les autres circuits de façon optimale. Les travaux de Rui Pu [81] proposent un processus de fabrication tel que la liaison entre les deux circuits peut se réaliser directement en fonderie afin d'optimiser le couplage.

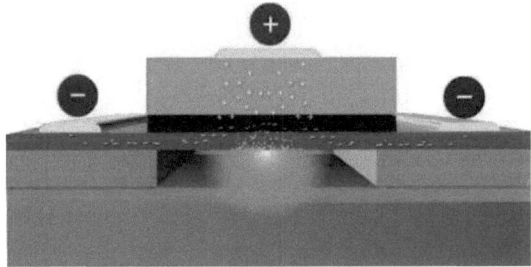

FIGURE 3.14 – Structure du laser hybride sur silicium mis au point par *Rong* à *Intel*

3.3.3 Les lasers sur silicium

Cependant, qu'il s'agisse de diode laser ou VCSEL, la compatibilité avec une technologie de Silicium est très délicate et aboutit souvent à la conception d'un SiP et non d'un SoC. C'est pour cette raison que des recherches ont lieu sur la conception de laser sur silicium [3]. *Intel* est le premier acteur qui en 2006 a réussi à concevoir un laser hybride sur silicium [86]. Le silicium n'étant pas une matière qui se prête bien au phénomène laser. En effet, lorsque celui-ci est exposé à la lumière d'un laser, il émet des électrons qui viennent absorber les photons du faisceau coupant ainsi l'émission de lumière. Pour contourner ce problème, les scientifiques d'*Intel* ont créé des zones polarisées sur la surface du silicium, une positive et une négative, afin d'écarter les électrons du chemin par lequel vont passer les photons. Le laser réalisé (figure 3.14) exploite l'effet *Raman* dans une couche de phosphore d'indium (InP) pour émettre une onde de 1.577 μm. La fixation du phosphore d'indium au silicium se fait par adhérence : un plasma froid d'oxygène est appliqué sur les deux parties, créant une couche de vingt-cinq atomes d'oxygène, qui va maintenir le silicium et le phosphore d'indium ensemble.

3.3.4 Bilan du projecteur laser

En l'état actuel de l'avancement des recherches sur l'intégration monolithique de source laser (voir tableau 3.2), seule l'utilisation de diode laser à cavité verticale peut être envisagée pour trois raisons :

1. les VCSELs offre un large choix de longueur d'onde allant du visible à l'infrarouge tout en offrant une puissance optique importante ainsi qu'un faible angle de divergence en comparaison aux autres diodes laser ;
2. l'intégration des VCSELs au sein de systèmes de type SiP est une technique bien maîtrisée malgré une augmentation des coûts de fabrication ;
3. la conception de laser sur silicium ne peut pour l'instant pas être réalisé à cause de nombreux verrous toujours présents.

Type projecteur	Avantages	Inconvénients
VCSELs	- Emission par la surface - Angle de divergence faible - Consommation	- Accordabilité limitée
Diodes laser standards	- Fonction multi-mode	- Emission par la tranche
Laser sur silicium	- Intégration sur silicium - Puissance de sortie	- Encore de nombreux verrous technologiques

TABLE 3.2 – Bilan des projecteurs de motif

Cette partie de l'état de l'art a permis de faire un bref tour d'horizon sur les lasers intégrés potentiellement utilisables dans *Cyclope*. Maintenant, le choix du projecteur ainsi que de ces caractéristiques va dépendre des méthodes de discrimination motif-arrière plan utilisable. C'est sur ce dernier point que va porter le reste du chapitre.

3.4 Les méthodes de séparation arrière-plan/motif

Tout système de vision basé sur la stéréoscopie active, c'est à dire basé sur la projection d'un motif sur la cible à reconstruire, a besoin d'extraire le motif utile de la scène. Comme je l'ai mis en évidence dans la partie précédente, le motif peut être de natures diverses :
- un point laser se déplaçant suivant une abscisse et une ordonnée ;
- un plan laser offrant l'avantage d'une utilisation type scanner suivant un unique axe ;
- un motif structuré type matrice permettant une reconstruction sans balayage et avec une seule image. Le choix du motif dépendant directement de l'application visée et de la densité d'appariement voulue. Une étude complète, ainsi qu'un état de l'art ont été faits par Slavi sur ce sujet [90].

Les différentes méthodes existantes envisageables dans le cadre d'une application intégrée sont présentées et classifiées sur la figure 3.15. Ce qui signifie que les contraintes prises en compte sont soit de type encombrement (surface, poids, etc.), soit de type ressource matérielle.

3.4.1 Filtrage optique

L'une des premières solutions envisageables est l'utilisation d'un filtrage optique. Afin de mieux appréhender la suite, la figure 3.16 montre les domaines de longueurs d'onde et, en particulier, celui du visible et proche infrarouge et ultraviolet.

Les filtres optiques de Bayer sont un exemple bien connu de filtrage optique [7, 44]. C'est en 1976 que Bryce E. Bayer conçoit une matrice de filtre optique afin de décomposer le flux lumineux suivant les trois composantes primaires : rouge, vert, bleu. La figure 3.17(a) montre le positionnement d'un tel filtre sur la matrice d'un imageur. On y voit clairement que pour un groupe de quatre éléments photosensibles, deux absorbent la composante verte, un la composante rouge et un autre la composante bleue. Cette structure permet d'imiter la sensibilité de l'oeil humain au spectre. La couleur d'origine doit alors être retrouvée par calcul.
Par l'adjonction d'un filtre optique type Bayer, il est possible de séparer le spectre du visible correspondant à la texture de la scène et le spectre du motif [84]. Connaissant les pixels dont le filtre *texture* et ceux dont il est *motif*, il est relativement simple d'effectuer par adressage une sélection spectrale.
Malheureusement, ce genre de technique n'est pas parfaite et entraîne un certain nombre de problèmes :
- premièrement, l'adjonction d'un filtre optique diminue la résolution spectrale par un facteur n, où n est le nombre d'éléments filtrants différents ; ce problème fait apparaître un phénomène de crénelage (*aliasing*) de couleur [33] ;

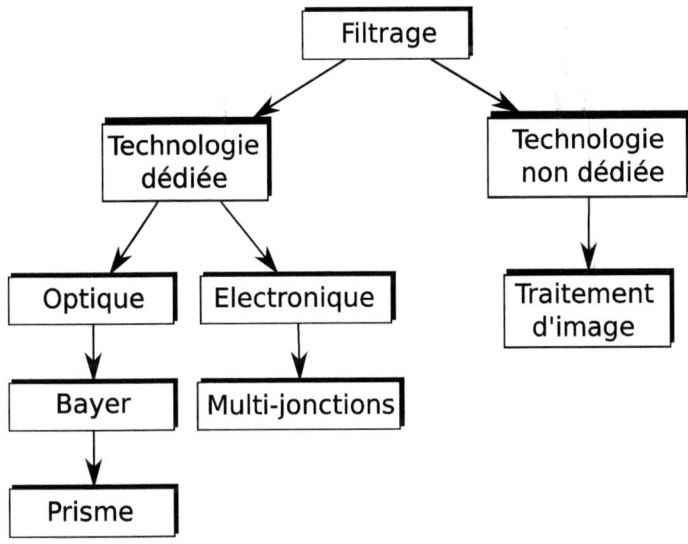

FIGURE 3.15 – Classification des méthode de filtrage texture/motif

- deuxièmement, la taille des filtres optiques est généralement plus importante que celle des pixels ; il en résulte qu'il est difficile de connaître avec certitude la composante acquise par un pixel donné à moins de passer par une phase de calibration ;
- troisièmement, chaque pixel n'acquérant qu'une seule composante élémentaire, il est nécessaire d'appliquer un algorithme d'interpolation sur chaque pixel en fonction de ses voisins afin de retrouver la couleur d'origine.

Pour éviter l'utilisation d'un filtre de Bayer, une autre technique est utilisée : il s'agit du tri-CCD (3.18). Le principe d'une caméra tri-CCD repose sur le fait d'avoir trois capteurs d'images distincts, chacun d'entre eux étant dévolu à une composante élémentaire du spectre. La séparation spectrale est assurée par un jeu de prismes en entrée du flux incident. Les avantages de cette méthode résident en deux points :
- la pleine résolution de chaque capteur étant dédiée à une composante élémentaire, il n'apparaît pas de diminution de la résolution spectrale ;
- pour les mêmes raisons chaque couleur étant directement acquise, les algorithmes de traitement se trouvent simplifiés par l'absence d'extrapolation.

Cependant, le gros défaut de ce type de capteur multiple est son encombrement dû au fait de la présence d'au moins trois imageurs et d'un prisme qui ne facilite pas son intégration.

Pour palier à ces inconvénients il existe diverses solutions, l'une d'entres elles est l'utilisation de technologies spécifiques de semi-conducteur. C'est ce dont va traiter la partie suivante.

3.4.2 Technologie de semi-conducteur adaptée

Une autre solution envisageable de discrimination dans le cadre où le spectre du motif est différent de celui du visible, repose sur l'utilisation d'une technologie spécifique du photo-élément.

Ainsi, David Starikov a exploité la nature de certains semi-conducteurs pour proposer un capteur large bande pour des applications civiles ou militaires dans le cadre de la détection de feux ou flash thermique [19]. Pour cela une technologie de silicium n'est pas suffisante car l'analyse de tels phénomènes demande une bonne sensibilité de l'ultraviolet à l'infrarouge. La conception d'un tel capteur a été rendue possible par la réalisation d'une structure mixte :
- une hétérojonction de type $p - GaNln/n - InGaN$ afin d'avoir une réponse de 225 nm à 365 nm ;
- une jonction $p - Si/n - Si$ pour une absorption de 250 nm à 1 100 nm.

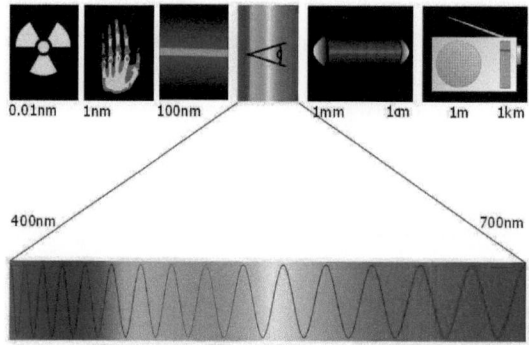

FIGURE 3.16 – Décomposition des domaines en longueurs d'ondes

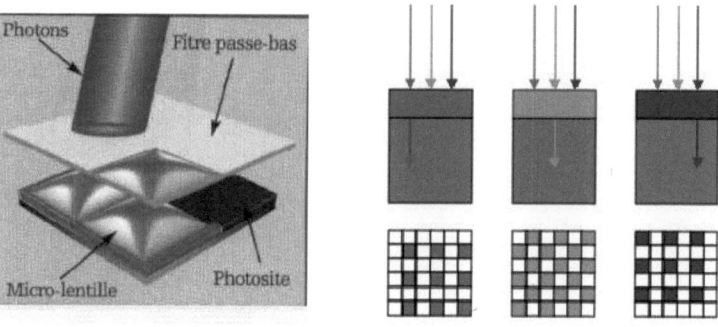

(a) Positionnement d'un filtre de Bayer sur une matrice d'éléments photosensibles

(b) Décomposition spectrale sur une matrice de photorécepteurs sous l'effet d'un filtre de Bayer

FIGURE 3.17 – Principe d'utilisation d'un filtrage de Bayer dans le cas d'un capteur d'images RGB

Cette structure présente une très bonne sensibilité quantique dans et entre les deux bandes spectrales (UV - IR), mais sa conception requiert l'utilisation de semi-conducteurs chers tels que le $InGaN$ ou l'utilisation de wafer Si et saphir.

Même si une telle structure est relativement complexe à réaliser, l'association des différents semi-conducteurs ne pose pas de véritable problème en soi contrairement à d'autres tels que le germanium. Cependant, ce dernier apporte plusieurs avantages : coefficient d'absorption très important et bonne efficacité quantique jusqu'a $1,8\mu m$ [75]. L'une des approches est l'intégration monolithique d'une photodiode PIN $SiGe/Si$ couplée avec un transistor bipolaire à hétérojonction dans la structure mésa pour des applications de photo-transmetteurs [83]. Pour éviter les problèmes inhérents à l'utilisation de semi-conducteurs spécifiques dans le but d'accroire la bande spectrale du système ou au contraire de rejeter ou de sélectionner une partie des longueurs d'onde, il est possible de modifier la technologie afin d'adapter la profondeur des jonctions. C'est en exploitant cette propriété dans le silicium que Liu a conçu un capteur RVB en technologie silicium sans adjonction de filtre optique [60]. Les éléments photosensibles sont une superposition de quatre couches de jonction $P - N$. La figure 3.19 montre la structure simplifiée ainsi que les commandes de lecture des différentes jonctions.

Le capteur à technologie X3 développé par la société Foveon [34] et commercialisé par la société Sigma est également un parfait exemple des applications possibles avec une technologie en BiCMOS permettant d'avoir trois jonctions enterrées afin d'acquérir sur un même pixel les trois composantes : rouge, verte, bleue (figure

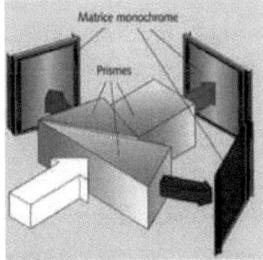

FIGURE 3.18 – Principe d'une caméra tri-CCD

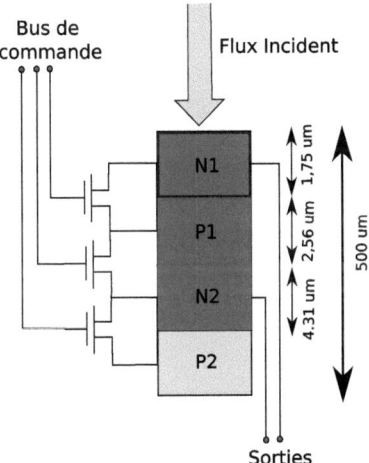

FIGURE 3.19 – Structure d'un capteur à jonctions enterrées présentée par Liu

3.20).

Les avantages de ce capteur sont nombreux :
- les filtres colorés ne sont plus nécessaires ;
- l'électronique de calcul est moins importante puisque la couleur est directement obtenue sur le photosite et non plus après traitement électronique des couleurs de quatre photosites ;
- la qualité de l'image est augmentée par rapport à celle d'un APS classique puisque les couleurs sont directement obtenues ;
- toute la lumière est absorbée par la zone sensible, une partie de celle-ci n'est pas rejetée par un filtre.

Là encore, le seul inconvénient tient en un processus de fabrication qui oblige l'adaptation des technologies afin de contrôler la profondeur des jonctions.

Il est cependant possible de réaliser une structure équivalente sans adapter la technologie. C'est ce qui a été fait lors des travaux de thèse de S. Feruglio et Benchouika en utilisant une structure à double jonctions empilées verticalement en technologie $AMS06$ [32]. La structure présentée sur la figure 3.21 est composée d'une jonction profonde $Substrat - P/Caisson - N$ et d'une jonction de surface $Caisson - N/Diffusion - P^+$. Ainsi, le capteur dispose sur chaque pixel de deux réponses spectrales : l'une répondant plus dans le bleu (jonction de surface) et l'autre répondant d'avantage dans le rouge (jonction profonde).

Ce type de capteur est une bonne solution pour obtenir une réponse bi-spectrale sans avoir recours à des technologies dédiées ou adaptées. Cependant, la discrimination spectrale reste relativement limitée. De plus, le

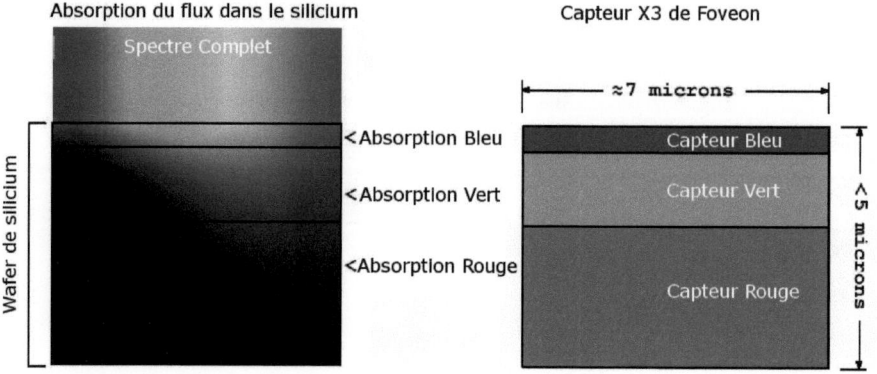

FIGURE 3.20 – Principe d'absorption et de discrimination des composantes élémentaires du spectre utilisé par la technologie *X3* de Foveon

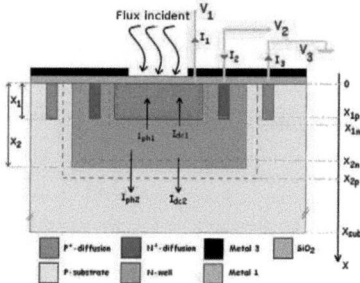

FIGURE 3.21 – Structure du capteur à jonctions enterrées de S. Feruglio

facteur de remplissage de ce type de capteur reste moyen du fait de la présence d'une partie de commande assez importante dans le pixel.

D'autres travaux ont été réalisés afin d'obtenir un capteur à large spectre. C'est le cas du capteur CMOS réalisé durant le thèse de A. Pinna [77] par le biais d'une structure mixte verticale-horizontale. Ainsi, contrairement au cas précédemment cité, la partie commande est moins importante dû au fait que l'on ne cherche pas à avoir deux réponses spectrales distinctes, donc deux circuits de lecture, mais une seule avec une bonne efficacité quantique entre 400 nm et 1 100 nm.

L'utilisation de certaines technologies de semi-conducteur et/ou de fabrication permet d'avoir de très bons résultats dans la discrimination spectrale d'un flux incident. Mais les conditions d'utilisation restent cependant limitées par une certaine complexité de réalisation ou de compatibilité avec des technologies plus classiques. C'est pourquoi divers travaux de recherche se sont orientés vers un traitement électronique pour séparer le motif de l'arrière plan.

3.4.3 Traitement d'images

Une séparation spectrale effectuée par traitement d'images déportées ou non, apporte un certain nombre d'avantages non négligeables par rapport à l'utilisation d'une technologie dédiée. Outre le fait de pouvoir opter pour un procédé de fabrication standard, l'architecture même du pixel se retrouve simplifiée améliorant ainsi divers facteurs tel que le facteur de remplissage en diminuant les sources possibles de bruit [32].

Diverses solutions ont été envisagées, l'une d'elles est d'utiliser une des propriétés du laser venant frapper une surface. Dans [93], il est proposé une extraction du motif en exploitant la distribution énergétique du laser lors de son impact. En effet, selon [39] une tache laser est caractérisée par une distribution d'énergie suivant une loi gaussienne 2D, en d'autres termes, si à partir d'un bord extérieur d'une tache on se déplace diamétralement à travers elle, l'intensité de la lumière suit un profil Gaussien. Le bruit de *Speckle* peut devenir un problème dans la mesure où ce dernier peut engendrer une intensité lumineuse distribuée aléatoirement en fonction des irrégularités des surfaces.

Bien que ce phénomène puisse être corrigé via l'application sur l'image d'un filtre gaussien, afin de réduire le bruit haute fréquence dans l'image, ceci impose une électronique de calcul plus importante. Outre le *Speckle*, l'extraction du motif peut devenir impossible dans le cas d'une forte illumination de la scène.

Toujours sur le principe de la différence de l'intensité de lumière entre la tache laser et la texture, mais cette fois ci avec une électronique de discrimination intégrée au capteur, une solution a été proposée par [72] qui repose sur le principe d'intensité avec seuil adaptatif. Le circuit de lecture comporte une fonction lui permettant de déterminer le pixel ayant le flux incident le plus fort en fonction d'un seuil qui est fixé par rapport au pixel le plus sombre. Le capteur déduit ainsi un profil lumineux correspondant à ce que peut être l'impact d'un laser sur une surface. Ce profil est utilisé pour n'activer que les pixels qui sont susceptibles de recevoir le flux correspondant au laser afin d'accélérer le plus possible le traitement de reconstruction en limitant le nombre de pixels qui doivent être lus.

 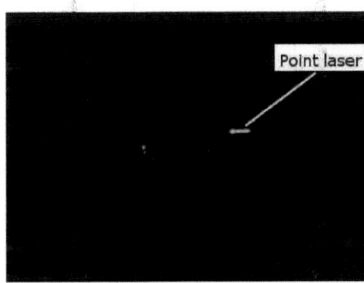

(a) Gain de 20 (b) Gain de 2

FIGURE 3.22 – Acquisition d'un capteur CMOS pour différents gains d'amplification en vue d'une discrimination motif/arrière plan

Même si telles techniques de discrimination apportent plusieurs avantages, elles nécessitent des besoins matériels plus ou moins importants en fonction de leurs degrés de complexité. Pour éviter cela, Il est proposé une modification du gain de l'imageur [104]. En effet, la tache laser étant plus lumineuse que la texture, il est facile de discriminer l'impact laser dû à la texture en diminuant grandement le gain par rapport à une acquisition de texture (figure 3.22).

Comme il est possible de le constater, la séparation motif/arrière plan offre son lot d'avantages et d'inconvénients mais surtout permet une simplification de la conception dans le sens où cette dernière n'est plus tributaire d'un procédé de fabrication qui peut être incompatible avec des technologies standards. En contre-partie, la partie électronique de la discrimination ou le traitement d'images adéquat risque d'avoir des besoins de ressources matérielles plus ou moins importants en fonction de la complexité et de la robustesse de l'algorithme.

3.5 Bilan

A travers cet état de l'art, j'ai présenté plusieurs travaux sur la stéréovision embarquée. Il en ressort que malgré une dynamique très importante dans ce domaine, la communauté scientifique se heurte au problème de l'intégration même. J'ai aussi présenté une étude des sources de lumières cohérentes intégrables comme les

VCSELs, ainsi que les nouveaux chemins qui s'ouvrent avec, en particulier, les lasers sur silicium actuellement en développement chez *Intel*. Enfin, j'ai abordé une des problématiques principales de la stéréoscopie active, à savoir l'extraction des taches laser dans une image texturée.

De cette analyse, il est possible d'en extraire plusieurs points clefs qui sont autant de limitations à la réalisation d'un système de stéréovision active intégré performant :

– dans beaucoup de cas, il est davantage question de systèmes miniaturisés qu'intégrés. Ceci peut venir du fait qu'une intégration monolithique de tels systèmes implique entre autres une taille de base stéréoscopique faible et donc une reconstruction 3D à courte ou moyenne portée. De même l'intégration de micro-mécanismes permettant le balayage d'une scène par un point laser est une chose extrêmement délicate.

– Pour l'heure, les seuls projecteurs de motif permettant un haut niveau d'intégration sont les diodes laser à cavité verticale. Malheureusement, leurs procédés de fabrication rendent impossible une intégration monolithique avec des technologies plus classiques de silicium. La seule solution est la conception d'un SiP permettant l'intégration de différentes technologies sur un même substrat par des méthodes de collage.

– Il existe plusieurs méthodes de discrimination du motif par rapport à l'arrière plan. Il est possible de classer ces méthodes en trois groupes : filtrage optique, technologie dédiée et traitement électronique/image. Mais aucune d'elles ne permet d'obtenir à la fois le motif et la texture de l'arrière plan en restant dans des technologies de silicium et sans traitement postérieur à l'acquisition tout en gardant une résolution spectrale égale à celle de l'imageur.

Le tableau suivant résume les avantages et les inconvénients des méthodes actuellement les plus utilisées.

Méthodes	Avantages	Inconvénients
Filtrage optique (micro-lentille)	– Utilisation simple – Discrimination efficace – Focalisation sur le pixel	– Diminution résolution spectrale – Algorithme de reconstruction de la couleur – Réflexion d'une partie du flux
Electronique	– Pas d'aliasing de couleur – Couleur directement obtenue	– Discrimination limitée en technologie Si non adaptée – Utilisation de semi-conducteur non compatible Si – Adaptation de la technologie à nos besoins
Traitement d'image	–Discrimination indépendante de la conception du capteur	– Ressources matérielles de moyenne à importante –Particulièrement tributaire des effets optiques (speckle, illumination, etc...)

TABLE 3.3 – Bilan des méthodes discrimination motif/arrière-plan

La conception d'une unité d'acquisition et de discrimination spectrale dans le cadre d'un capteur de vision 3D intégré engendre de nombreuses contraintes. A la vu de ce qui a été présenté dans les deux chapitres précédents, il est possible de s'orienter vers des choix pouvant répondre à nos besoins.

Les méthodes de séparation spectrale présentées dans ce chapitre ne peuvent répondre parfaitement à notre cahier des charges. La méthode optimale est l'association des avantages d'une méthode électronique pour sa faible utilisation de ressources matérielles avec ceux d'une méthode de traitement d'images pour son indépendance vis à vis de la conception du capteur.

Pour réaliser cela, nous avons développé une méthode d'acquisition permettant la discrimination du motif et de l'arrière plan, pouvant être appliquée avec un capteur d'images quelconque. Cette méthode est l'objet du chapitre suivant.

Chapitre 4

Méthode de discrimination spectrale : Approche théorique et expérimentale

Sommaire
4.1	Une acquisition innovante	50
	4.1.1 Une approche énergétique et temporelle	50
	4.1.2 Approche théorique de la détermination des paramètres temporels	51
4.2	**Un imageur CMOS : architecture et comportement**	**53**
	4.2.1 Structure globale du capteur	53
	4.2.2 Etude comportementale de la matrice	54
4.3	**Extraction des paramètres critiques du couple stéréoscopique : outils et méthodes**	**56**
	4.3.1 Caractérisation de l'imageur	56
	4.3.2 Caractérisation du projecteur laser	64
	4.3.3 Extraction des paramètres temporels pour la discrimination spectrale	66
4.4	**Conclusion**	**67**

Dans le cadre d'un procédé de vision 3D basé sur la stéréoscopie active, il est nécessaire de concevoir une instrumentation d'acquisition rapide, fiable et permettant un haut niveau d'intégrabilité.
Ce chapitre présente une approche nouvelle et robuste pour une acquisition permettant une discrimination du spectre du visible et de celui du proche infrarouge. Cette technique a donné lieu à une publication en revue [54].

4.1 Une acquisition innovante

Cette partie du chapitre va présenter une méthode d'acquisition originale permettant la discrimination du motif de l'arrière plan directement sur le capteur sans aucun traitement d'images. Je voudrais souligner que la méthode développée ici offre une grande adaptabilité aux systèmes existants qui ne disposent pas encore d'une capacité de traitement 3D. Ce qui est le cas pour les endocapsules actuelles telles que la *Pillcam* ou l'*Endocam* respectivement de *Given Imaging* et *Olympus*.

4.1.1 Une approche énergétique et temporelle

Pour être capable d'opérer une discrimination spectrale sur un capteur réalisé en technologie CMOS standard sans traitement vidéo, une nouvelle méthode a été développée. Pour se faire, une méthode énergétique et temporelle proche de celle utilisée dans le monde radar a été définie. En simplifiant le processus, les radaristes déterminent la présence, et dans certains cas la nature, d'une cible par sa signature énergétique. Le radar envoie une onde qui sera réfléchie dés qu'elle touchera un objet. L'énergie de l'onde réfléchie permet alors de déterminer la taille de l'objet. C'est ainsi, qu'il est possible de différencier un avion d'un oiseau, mais parfois pas d'un groupe important d'oiseaux.

C'est sur ce principe que repose la discrimination de *Cyclope*. Il est possible de faire une analogie entre l'émission d'une onde radio et celle d'une onde lumineuse. L'approche adoptée est à la fois énergétique et temporelle :

Energétique car se basant sur le gap énergétique entre la texture et le motif. En gardant l'analogie avec le radar, deux ondes sont réfléchies sur le capteur : celle émise par le projecteur laser, et celle émise par les sources de lumière ambiante. Le tableau 4.1 donne quelques exemples de niveau énergétique.

	Intensité lumineuse [lux]	Energie [$\mu.W \cdot cm^{-1}$] longueur d'onde à $555nm$
Salle de travail	200	$29,2$
Extérieur ensoleillé	100000	14.10^3
DEL blanche CMS éclairage endocapsule	de 20 à 50	de $2,9$ à $7,3$
Laser $100mW$	580550	85.10^3
Tache laser $100mW$ optique de diffraction $7*7$ premier ordre	211730	$\approx 1.10^3$

TABLE 4.1 – Tableau d'intensité lumineuse dans quelques cas caractéristiques

Nous pouvons constater que le gap entre une tache laser et une DEL [1] blanche CMS [2] est au pire des cas supérieur à 1 000. Ceci implique qu'il est relativement aisé de discriminer une tache émise par un laser d'une texture éclairée par une DEL. En fait, il est possible de ne capturer que le motif en fixant le temps d'exposition du capteur de manière à n'acquérir que les points dont l'énergie dépasse un certain seuil.

Temporelle car la discrimination sur le capteur par une telle méthode, c'est à dire en modifiant le temps d'intégration, implique deux prises d'images consécutives : une pour la capture du motif avec un temps d'intégration court, et une pour l'acquisition de la texture avec un temps d'intégration long. Pour cela, l'acquisition complète s'effectue en deux temps (figure 4.1 et table 4.2) :

---

1. Diode Electro-Luminécente
2. Composant Monté en Surface

1. la première phase consiste en l'acquisition du motif et en émettant une impulsion laser ; le résultat est alors mémorisé et traité en temps réel pour fournir l'information de profondeur ;
2. la seconde phase permet la capture de la texture sans laser.

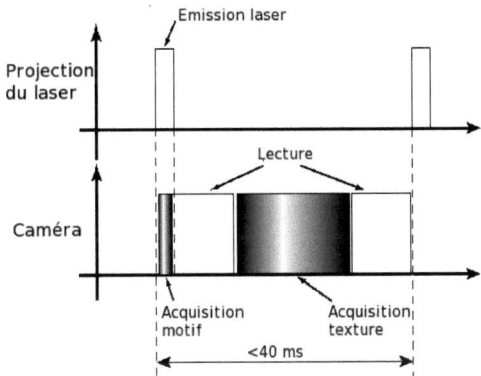

FIGURE 4.1 – Synopsis du séquencement temporel de l'acquisition

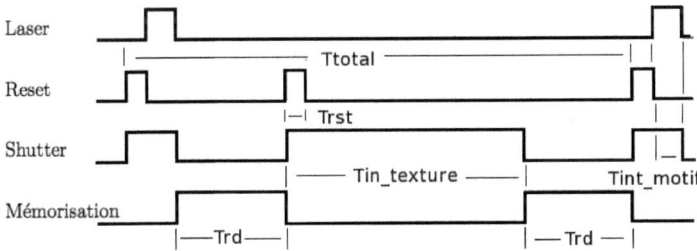

FIGURE 4.2 – Chronogrammes schématisés d'acquisition et de lecture d'une matrice CMOS dans la mise en oeuvre d'une discrimination motif/texture

Cependant, pour remplir la contrainte du temps réel, c'est à dire 25 images par seconde, il est obligatoire que l'acquisition complète, ainsi que le traitement, soient exécutés en moins de 40 ms. Le temps global d'acquisition est donné par l' équation 4.1.

$$T_{total} = 2 \cdot T_{rst} + 2 \cdot T_{rd} + T_{intTexture} + T_{intMotif} \tag{4.1}$$

Afin d'être en mesure de valider cette approche, un capteur de vision CMOS a été réalisé, ce qui est présenté dans ce chapitre.

4.1.2 Approche théorique de la détermination des paramètres temporels

La méthode explicitée dans cette thèse est innovante en de nombreux points. Mais en particulier, elle permet d'obtenir une discrimination spectrale par le réglage temporel de l'architecture de contrôle.
Cependant, la mise en équation stricte des phénomènes dictant le choix des paramètres temporels est difficile à faire pour quelques raisons :
– de nombreux paramètres extérieurs au capteur peuvent modifier le comportement de l'interaction de ce dernier avec la lumière ; la première cause étant la lentille focalisante dont les caractéristiques peuvent faire

grandement varier le résultat escompté comme je l'explique dans la partie traitant des performances du système ;
- la nature même de la technologie de fabrication employée est impliquée dans les variations possibles : traitement anti-reflet, profondeur de jonction, etc.

Pour ces raisons, je présente ici une méthodologie permettant d'extraire les paramètres temporels de l'architecture à partir de la phase de caractérisation du couple stéréoscopique. Cette méthodologie se veut moins quantitative que qualitative, les paramètres pouvant être extraits à partir d'un simple graphique.

Tout d'abord, il est nécessaire de définir les conditions d'application de cette méthode, le principe de la méthode repose sur une différence énergétique. Elle va aussi être tributaire des caractéristiques intrinsèques du capteur d'images et en particularité de sa réponse à un flux énergétique. Pour conserver le gap sur la réponse du pixel, il est obligatoire d'avoir un capteur dont la réponse est le plus linéaire possible. Ceci exclut donc les capteurs de type logarithmique. L'autre contrainte fondamentale sur l'imageur pour pouvoir appliquer cette méthode est d'avoir une sensibilité spectrale suffisamment large bande allant du visible au proche infrarouge. Ce qui permettra une bonne sensibilité lors de l'acquisition de la texture et du motif. Enfin, l'utilisation de cette méthode ne peut être possible que dans un environnement contrôlé en terme de puissance optique de la scène. Si une scène est trop énergétique, en extérieur ensoleillé par exemple, ou bien présente de fortes variations énergétiques, il sera impossible de maintenir un gap suffisant entre la scène et le laser.

Il est possible de définir l'évolution de la tension en sortie du pixel comme la contribution de deux éléments distincts :

1. une évolution en fonction de la puissance optique : il s'agit de la sensibilité du capteur ;
2. une évolution en fonction du temps d'intégration : il s'agit de la linéarité du capteur.

De manière simplifiée et pour une longueur d'onde donnée, ces deux contributions peuvent s'exprimer de la façon suivante :

1. on prend ici en considération un capteur dans des conditions d'utilisation telles que la fonction de transfert optique est linéaire. La relation entre la tension en sortie du pixel et la puissance optique reçue pour un temps d'intégration donné peut être présentée comme suit : Soit un capteur dont les pixels sont d'aire A_{pixel} et soumis à un rayonnement de puissance P_{opt}, sa sensibilité S est définie par :

$$S = \frac{\frac{V_{pix}}{CVF}}{A_{pixel} \cdot P_{opt}} \Rightarrow V_{pix}(P_{opt}) = \alpha \cdot P_{opt} \qquad (4.2)$$

avec :
$\alpha = S \cdot CVF \cdot A_{pixel}$
S : la sensibilité en A/W
CFV : le facteur de conversion en e^-/V
$Vpix$: la tension en sortie de pixel en V
A_{pixel} : l'aire active du pixel en m^2
P_{opt} : la puissance incidente en $W.cm^{-2}$

L'équation 4.2 ne prend pas en compte le facteur lié directement à l'objectif focalisant utilisé dans l'application. L'équation devient alors :

$$V_{pix}(P_{opt}) = \alpha \cdot \phi \cdot P_{opt} \qquad (4.3)$$

où ϕ est un coefficient dépendant des caractéristiques de l'objectif utilisé.

2. Dans le cadre d'un capteur supposé linéaire, la tension en sortie de pixel $Vpix$ en fonction du temps d'intégration pour une puissance optique donnée peut être définie par l'équation suivante :

$$V_{pix}(T_{int}) = \beta \cdot T_{integration} + \omega(\phi(\lambda), I_{obscurité}) \qquad (4.4)$$

Où β est un coefficient de proportionnalité caractérisé par la linéarité du capteur et ω une variable dépendant de la longueur d'onde du flux et du courant d'obscurité. Tous les paramètres des équations 4.3 et 4.4 ont été déterminés lors de la phase de caractérisation du couple stéréoscopique.

Ainsi, en considérant les équations 4.3 et 4.4 il est possible de déterminer le temps d'intégration limite pour obtenir une discrimination effective.

Considérons ce qui suit : Soit une tension moyenne en sortie du pixel lors d'une acquisition de la texture $V_{pix-texture}$ et une tension moyenne $V_{pix-motif}$ obtenue par l'acquisition d'une tache laser seule. Une discrimination optimale de la texture et du motif laser ne peut être obtenue que si et seulement si $V_{pix-texture}$ est négligeable devant $V_{pix-motif}$.

La méthode peut alors être mise en oeuvre par la procédure suivante :

1. les interactions entre le capteur et le flux incident dépendent de la longueur d'onde, or la discrimination a lieu à la longueur d'onde du laser. De ce fait, la procédure suivante doit être faite à cette longueur d'onde.
2. Tracer la caractéristique de l'évolution de la tension en sortie du pixel en fonction de la puissance optique incidente et du temps d'intégration.
3. Déterminer graphiquement le temps d'intégration optimal pour l'acquisition de la scène en fonction de la puissance optique et de la dynamique du pixel. Cela permet de limiter les risques de saturation tout en ayant la meilleure la plage d'utilisation du capteur.
4. Déterminer graphiquement le temps d'intégration optimal pour l'acquisition du motif en fonction de la puissance du laser de telle manière que la tache laser génère une tension proche de la saturation. Il faut s'assurer d'un gap de tension suffisant, tout en respectant l'équation temporelle 4.1. Le choix de la valeur du gap est empirique et fait après plusieurs expérimentations. Un gap supérieur à huit est généralement suffisant pour obtenir de bon résultat.

La détermination des paramètres temporels est faite grâce à une phase de caractérisation du couple stéréoscopique qui est traité dans le chapitre 4.3.

4.2 Un imageur CMOS : architecture et comportement

Pour pouvoir tester, affiner et valider notre approche, un capteur de vision en technologie CMOS a été conçu par A. Pinna en 2006. Le *design-kit* utilisé est celui de **AMS**[3] avec une finesse de gravure de 0,6 μm.

Cette partie du chapitre se concentre sur la présentation du capteur tant sur le plan structurel que sur le plan de ses caractéristiques électriques, telles que sa bande passante, son gain maximal, etc.

4.2.1 Structure globale du capteur

La structure du capteur est relativement classique dans sa conception, à ceci près qu'elle est adaptée à un pixel dont la zone sensible est une double jonction enterrée.

Il s'agit de la première caractéristique de cet imageur qui a été conçu dans l'objectif de permettre un prototype rapide et complet de nos applications.

Le capteur est principalement composé des éléments suivants :
– la matrice de pixel d'une taille de 64 ∗ 64 ;
– l'électronique d'adressage des pixels, composée de registres à décalage permettant un accès par régions d'intérêt ;
– deux amplificateurs bas bruit en sortie de la matrice pour la restitution du signal.

Il est à relever que chaque pixel dispose d'un double circuit de lecture en raison de sa nature. Chacun de ces circuits est indépendant de l'autre d'un point de vue contrôle.

Contrairement à de nombreuses conceptions, en lieux et place d'amplificateurs placés en bout de colonne, un seul et unique amplificateur est présent sur la sortie du pixel. Pour déterminer la bande passante BP, c'est à dire la fréquence maximale à laquelle la matrice peut être lue, définissons en premier lieu le temps nécessaire à la lecture d'une matrice :

$$L_m = \frac{1}{C} - T_{rst} - T_i \qquad (4.5)$$

avec :

T_i : temps d'intégration du pixel

---

[3]. Austria Mikro System

T_{rst} : temps de remise à zéro de la matrice
C : la cadence vidéo souhaitée en nombre d'images par seconde
De l'équation 4.5 nous pouvons déduire le temps de lecture d'un seul pixel :

$$L_p = \frac{L_m}{m*n} \tag{4.6}$$

avec
m : le nombre de lignes de la matrice
n : le nombre de colonnes de la matrice

Enfin des équations 4.5 et 4.6, nous pouvons déduire l'expression de la bande passante :

$$BP = \frac{m*n}{\frac{1}{C} - T_{rst} - Ti} \tag{4.7}$$

Il est important de remarquer que les calculs ici présents ne tiennent pas compte d'éventuels traitements temps–réel que pourrait subir l'image. Dans ce cas, l'expression de la bande passante devient :

$$BP = \frac{m*n}{\frac{1}{C} - T_{rst} - T_i - T_{processing}} \tag{4.8}$$

Ainsi, la présence d'un seul amplificateur pour toute la matrice implique que ce dernier doit avoir une bande passante au moins égale à celle de l'imageur (l'équation 4.9). Dans le cas où un amplificateur est positionné en bout de chaque colonne, la bande passante de ce dernier doit être égale à :

$$BP_{amp} = \frac{BP}{n} \tag{4.9}$$

où n représente le nombre de colonnes de la matrice.
Ce choix de conception permet de diminuer de façon importante le bruit spatial fixe de colonnage, comme il le sera montré dans le chapitre 3.3, du fait d'une contribution moindre au bruit par l'amplificateur.
Dans une optique de flexibilité, ce capteur est doté d'une électronique d'adressage quasi-aléatoire. Il est possible d'effectuer un fenêtrage de l'image afin de cibler une zone d'intérêt particulière dans celle-ci. Ceci est rendu possible par un compteur couplé à chaque registre d'adressage. Lors d'une lecture en mode fenêtrage, la séquence se déroule de la manière suivante :
– en début de phase de lecture, les compteurs démarrent mais ne chargent pas les registres à décalage, ainsi aucun pixel n'est effectivement accessible ;
– lorsque l'adresse du premier pixel arrive, les registres à décalage sont chargés et les pixels suivants sont lus par incrémentation des compteurs. Si l'adresse d'un pixel non désiré est sélectionnée, les registres d'adressage ne sont plus chargés permettant ainsi de conserver la position de l'ordonnée ou de l'abscisse.

Outre le fait de permettre le fenêtrage de l'imageur, cette électronique gère également le circuit de lecture. De plus, il est possible de réaliser une remise à zéro des colonnes avant leur lecture afin de minimiser les effets dûs à de mauvaises évacuations de charges.

4.2.2 Etude comportementale de la matrice

La conception de la matrice a été réalisée sous la suite de logiciel de *Cadence*. Ce qui a permis de réaliser une étude comportementale de la matrice en vue de déterminer l'architecture la plus adaptée à nos besoins, en particulier celle du pixel.
Le pixel est présenté sur la figure 4.3 et fonctionne en mode intégration de charge (voir *Annexe B*). Comme on peut le constater, il s'agit d'une double structure à quatre transistors.
Ce type de structure permet d'avoir deux réponses spectrales sur le même pixel par la lecture du courant de jonction surfacique ou de profondeur. La jonction surfacique répondant davantage dans le bleu et celle de profondeur dans le rouge. Le courant qui est alors lu sur la jonction de profondeur est la somme des contributions des deux jonctions. Cette structure apporte de nombreux avantages dans certaines applications, en particulier celles nécessitant l'acquisition d'une bande spectrale spécifique.
Dans le cadre de mes travaux, le capteur est utilisé uniquement avec sa jonction profonde de type substrat-caisson permettant ainsi une bonne sensibilité dans le spectre du visible et du proche infrarouge.

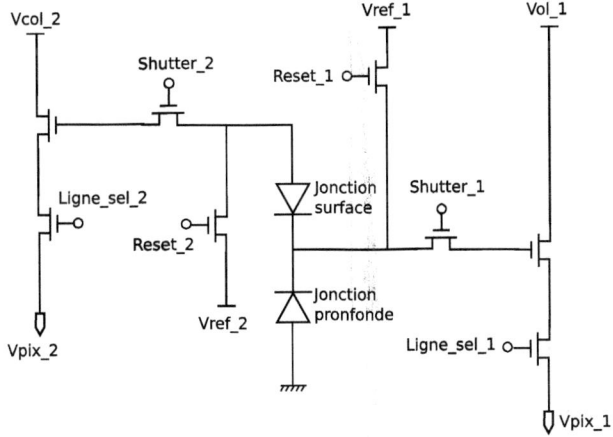

FIGURE 4.3 – Architecture du pixel de la matrice de A. Pinna

Une capacité C_{int} a été rajoutée sur le drain du transistor $T_{shutter}$ jouant le rôle d'obturateur. Cette capacité C_{int} a pour objectif de repousser les conditions limites d'exposition au flux lumineux. En effet, la présence de cette capacité entraîne une capacité totale d'intégration telle que :

$$C_{totale} = C_{int} + C_{drain} \qquad (4.10)$$

Le facteur de conversion peut s'exprimer de la manière suivante :

$$CVF = \frac{q}{C_{totale}} \qquad (4.11)$$

Ce dernier se trouve diminué et permet au capteur d'être mieux adapté au flux lumineux de forte intensité. Malheureusement, il en découle qu'en cas de faible flux lumineux, le capteur doit être exposé de manière plus longue. Cependant, les faibles dimensions (64 ∗ 64 pixels) font que le temps de lecture totale de la matrice n'est pas un paramètre critique.
Les autres paramètres importants qui ont été pris en compte lors de la conception sont la bande passante de l'imageur et le gain statique du pixel. Ces paramètres varient principalement en fonction de deux composantes [11][77] :
– la taille du transistor suiveur T_{suiv} qui régit la bande passante ; plus le rapport W/L est grand, plus la bande passante se réduit sans une diminution drastique d'un gain statique ;
– le courant de polarisation de la colonne qui, de manière générale, entraîne une diminution de la bande passante et une modification du gain statique à mesure que le niveau de la polarisation descent.
Les résultats sont présentés aux figures 4.4(a) et 4.4(b) qui explicitent respectivement l'évolution de la bande passante en fonction de la taille de T_{suiv} et en fonction du courant de polarisation.
On s'aperçoit que le courant de polarisation a une influence bien plus importante que la taille du transistor suiveur dans notre application. De ce fait, il a été adopté une taille relativement petite avec un rapport $W/L = 2$, ce qui permet de garder la taille de l'électronique du pixel restreinte. De même, au vue des courbes 4.4(b), une polarisation de colonne $I_{pol} = 10\mu A$ offre le meilleur rapport gain/fréquence.
Le tableau 4.2 explicite le gain et la bande passante ainsi obtenus.

Courant de polarisation colonne $I_{pol} = 10\mu A$	
Bande passante	Gain
≈ $10MHz$	0,72

TABLE 4.2 – Gain et bande passante pour une polarisation colonne $I_{pol} = 10\mu A$

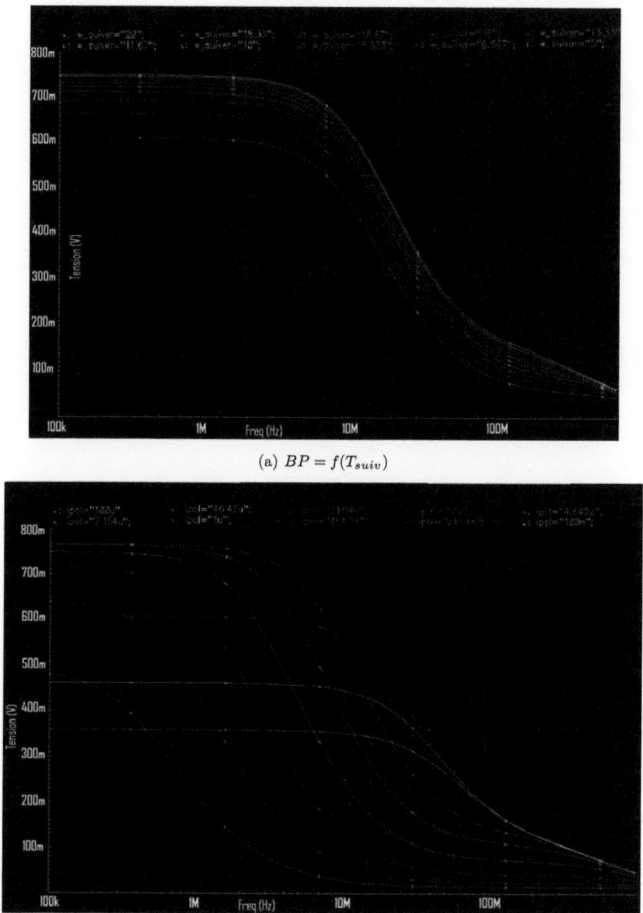

(a) $BP = f(T_{suiv})$

(b) $BP = f(I_{pol})$

FIGURE 4.4 – Evolution de la bande passante de l'imageur en fonction de la taille du transistor T_{suiv} et du courant de polarisation de la colonne

Cette présentation et l'étude du capteur réalisé ont permi la définition des spécificités du circuit pour sa mise en oeuvre optimale. Bien entendu, l'étude présentée ici n'est pas suffisante, c'est pourquoi une caractérisation poussée est faite dans la section 4.3.

4.3 Extraction des paramètres critiques du couple stéréoscopique : outils et méthodes

La méthode d'acquisition présentée dans ce chapitre apporte une solution à la discrimination texture/motif directement sur l'imageur sans filtre optique en employant une électronique minimale. Elle peut aussi être utilisée sur n'importe quel capteur d'image existant.

Cependant, avant d'être utilisée convenablement et d'avoir un résultat en adéquation avec l'application, il est nécessaire de connaître les modèles régissant les interactions entre les différents éléments constituant le système. Il s'agit du :
- flux lumineux ;
- capteur d'image ;
- projecteur de motif.

Pour définir ces modèles il est obligatoire de concevoir une méthodologie de caractérisation minutieuse, ainsi qu'un banc de mesure capable de traiter l'information issue des éléments à caractériser.

Cette partie de chapitre se découpe en trois axes :

1. la caractérisation de l'imageur ;
2. la caractérisation du projecteur de motif ;
3. l'extraction des paramètres temporels.

4.3.1 Caractérisation de l'imageur

Un imageur, quelqu'il soit, est défini par plusieurs paramètres. Ces derniers peuvent influencer la qualité intrinsèque de l'imageur, par exemple le rapport signal sur bruit, ou être seulement une indication pour mieux définir les conditions optimales d'utilisation, par exemple la sensibilité ou le courant d'obscurité. Ces paramètres peuvent être classés dans quatre catégories distinctes :
- les paramètres géométriques, définissant à la fois la nature et la taille de la matrice et de ses pixels ;
- les paramètres électriques, définissant le comportement électrique du pixel ;
- les paramètres opto-électriques, définissant les interactions entre le flux lumineux et le semi-conducteur ;
- les paramètres de performance globale, permettant d'avoir une idée qualitative globale de la matrice.

Dans le cadre de ces travaux, la caractérisation est une phase importante dans le réglage du séquençage d'acquisition. Notre méthode doit être applicable à tout imageur par le biais d'une phase de caractérisation préalable. Les mesures effectuées lors de cette caractérisation suivent une logique bien précise. Toutes ne contribuent pas directement à l'établissement du modèle d'extraction des paramètres temporels, mais permettent une meilleure exactitude du modèle. Ainsi, la mesure des différents bruits permet d'effectuer une correction sur les mesures assurant un calcul plus rigoureux. De même, le calcul du rapport signal sur bruit permet de déterminer la zone d'utilisation optimale du capteur.

4.3.1.1 Présentation du banc de caractérisation

Afin de réaliser l'extraction des paramètres d'intérêt de l'imageur, j'ai dû réaliser un banc de caractérisation. L'équipe *SYEL* du *LIP6* ne disposant pas des ressources matérielles nécessaires à sa réalisation, j'ai mis en oeuvre une collaboration avec l'*IEF* d'Orsay, et plus particulièrement avec M. Belhaire et M. Klein, qui ont pu me fournir la logistique dont j'avais besoin.

Le banc de caractérisation présenté sur la figure 4.5, est organisé de manière à obtenir des résultats fiables tout en offrant une certaine facilité d'utilisation. Pour cela, il est composé des éléments suivants :
- un monochromateur de chez *Jobin Yvon* équipé d'un réseau permettant un balayage de longueur d'onde de 300 nm à 1 200 nm. La génération du flux lumineux est assurée par une lampe halogène tungstène de 100 W.
- Une sphère intégrante d'un diamètre de 15 cm est installée en sortie du monochromateur pour assurer l'homogénéité de l'illumination de la cible. Cette sphère a la particularité d'intégrer un capteur d'illumination facilitant la détermination de l'intensité du flux lumineux.
- Un wattmètre optique relié au capteur de la sphère intégrante capable de délivrer une information de puissance lumineuse.

FIGURE 4.5 – Banc de caractérisation optique d'un imageur

- Un numériseur de chez *NationalInstrument*. Ce dernier est équipé de deux modules d'acquisition : le $NI5122$ et le $NI5922$ qui ont respectivement une résolution de 14 bits à 100 M échantillons par seconde et 16 à 24 bits à 15 M et 500 k échantillons par seconde.
- Une station de travail afin de contrôler l'ensemble du banc via une interface *LabView*.

Tous les éléments qui composent le banc sont contrôlés via un port *GPIB*, ce qui a permis en grande partie l'automatisation de la prise de mesure à l'aide d'instruments virtuels conçus sous le logiciel *LabView*. L'interface de contrôle présentée sur la figure 4.6 est composée de quatre instruments virtuels permettant respectivement de :
- gérer les paramètres d'acquisition du numériseur tels que le nombre d'échantillons par mesure, les paramètres de déclenchement, le nombre de mesure, l'affichage des résultats, ainsi que leurs mémorisations dans un fichier pour un traitement ultérieur, etc. ;
- effectuer l'auto-calibration du monochromateur en repositionnant dans leur position de départ la fente d'entrée et de sortie, ainsi que la position du *grid* ;
- définir l'ouverture de la fente d'entrée et de sortie du monochromateur. Ces fentes permettent respectivement de moduler l'intensité du flux lumineux entrant et de définir la bande passante spectrale du flux en sortie ;
- sélectionner la longueur d'onde du flux en sortie.

Cependant, afin de garantir la fidélité des mesures, il est important de limiter les phénomènes extérieurs pouvant interférer avec l'acquisition. C'est en particulier le cas de l'illumination ambiante. Ainsi, ne disposant pas de boitier hermétique à la lumière, j'ai opté pour l'utilisation d'un rideau noir de photographie qui entoure la zone d'acquisition (sphère intégrante et capteur). De plus, il est important de placer le capteur le plus proche possible de la sortie de la sphère afin d'avoir une intensité de flux incident au capteur suffisante et faire en sorte que ce dernier soit parfaitement perpendiculaire au plan photo-sensible du capteur (voir figure 4.7).

Les tableaux 4.3 et 4.4 résument les performances et caractéristiques globales du banc de caractérisation dans la configuration utilisée pour notre capteur.

4.3.1.2 Paramètres géométriques

4.3.1.2.1 Définition sur la matrice

La taille de la matrice correspond exclusivement à la taille de la matrice de pixel faisant abstraction des circuits d'adressage, amplificateurs, convertisseurs ou tout autre circuit annexe. On définit la taille d'une matrice par la longueur de sa diagonale.

De même, on peut définir la taille d'une image par le nombre de pixels horizontaux et verticaux qui la composent. A taille de capteur identique, plus la définition d'une image est importante, plus l'échantillonnage spatial de l'image est conséquent. A cette définition, il peut être associé un format qui représente le ratio entre le nombre de pixels horizontaux et verticaux.

La taille du pixel correspond à la taille de l'élément photosensible élémentaire. C'est de ce paramètre que va directement dépendre la résolution spatiale de notre capteur. La taille du pixel dépend de différents paramètres

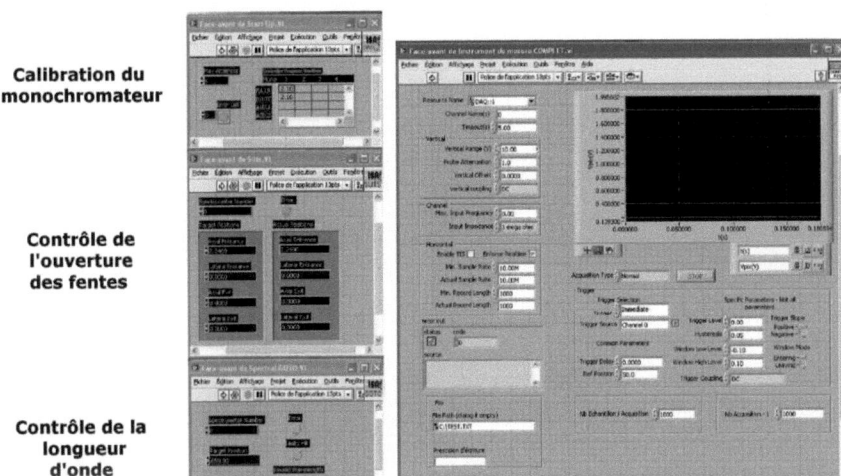

FIGURE 4.6 – Interface de contrôle du banc de caractérisation optique sous *LabView*

FIGURE 4.7 – Positionnement du capteur par rapport à la sphère intégrante

définis par les contraintes de l'application telles que la sensibilité, l'architecture du pixel ou encore les dimensions limites du procédé de fabrication. Pour une matrice de taille donnée, plus l'on souhaite avoir une résolution élevée, plus il est nécessaire de réduire la taille du pixel. Ainsi il est possible d'augmenter la résolution d'une matrice sans en augmenter la taille.

Critères d'acquisition	
Précision de conversion Analogique-Numérique	16 bits
Plage de mesure spectrale	de 300 nm à 1200 nm
Plage de tension d'entrée max	de -10V à +10V
Fréquence max trigger	100 kHz
Fréquence d'acquisition max	15 MHz
Profondeur mémoire	64 Mo

TABLE 4.3 – Performances et caractéristique du banc en termes d'acquisition

Critères techniques	
Diamètre sphère intégrante	15cm
Eclairage	Halogéne tungsténe 100W

TABLE 4.4 – Performances et caractéristique du banc en termes techniques

Enfin, le facteur de remplissage correspond au rapport entre la surface du pixel utile à la détection du flux lumineux et la taille du pixel. Les zones recouvertes de matériaux opaques ou les zones ne permettant pas la collection des photoporteurs, telles que les transistors de lecture, sont donc exclues de la zone dite utile. Tous les paramètres géométriques sont présentés dans le tableau 4.5.

Diagonale	3 mm
Format	64 ∗ 64 pixels
Taille	34 μm
Facteur de remplissage	16 %

TABLE 4.5 – Paramètres géométriques du capteur utilisé

4.3.1.3 Paramètres électriques

4.3.1.3.1 Facteur de conversion charge-tension

Le facteur de conversion est défini par l'équation 4.12 :

$$CVF = \frac{\Delta V_{pix}}{N_q} = \frac{(V_{pix} - V_{pix,vide})}{N_q} \tag{4.12}$$

avec :
N_q : nombre de charges stockées
CVF : facteur de conversion
ΔV_{pix} : variation de tension en sortie du pixel pour un temps d'intégration et un flux lumineux donné

On peut alors exprimer la valeur moyenne et l'écart type de la tension différentielle V_{pix} en sortie du pixel :

$$\mu[\Delta V_{pix}] = CVF \cdot \mu[N_q] = CVF \cdot N_q \tag{4.13}$$

$$\sigma[\Delta V_{pix}] = CVF \cdot \sigma[N_q] = CVF \cdot \sqrt{N_q} \tag{4.14}$$

Ainsi, à partir des équations 4.14 et 4.13, nous pouvons exprimer le facteur de conversion sous une autre forme :

$$\sigma^2[\Delta V_{pix}] = CVF \cdot \mu[\Delta V_{pix}] \Leftrightarrow CVF = \frac{\sigma^2[\Delta V_{pix}]}{\mu[\Delta V_{pix}]} \quad (4.15)$$

Dès lors que nous avons exprimé le facteur de conversion en fonction de la valeur moyenne en sortie du pixel et de l'écart type de cette même valeur, il nous est possible de mesurer le facteur de conversion par le biais d'une méthode de mesure statique présentée dans les travaux de P. Magnan [12] de SUPAERO. En traçant le bruit photonique en sortie du pixel, $\sigma^2[\Delta V_{pix}]$, en fonction de la valeur moyenne du signal, $\mu[\Delta V_{pix}]$, nous obtenons une droite dont le coefficient directeur est représentatif du facteur de conversion.
Cependant, la mesure peut être limitée par le quantum de la carte d'acquisition lors de la numérisation du signal. Pour éviter cela, il est possible de faire les calculs en LSB avant de faire la conversion [11]. La courbe de bruit photonique est présentée sur la figure 4.8 et l'extraction des paramètres dans le tableau 4.6 sachant que par définition :

$$CVF = \frac{q}{C_{intégration}} \quad (4.16)$$

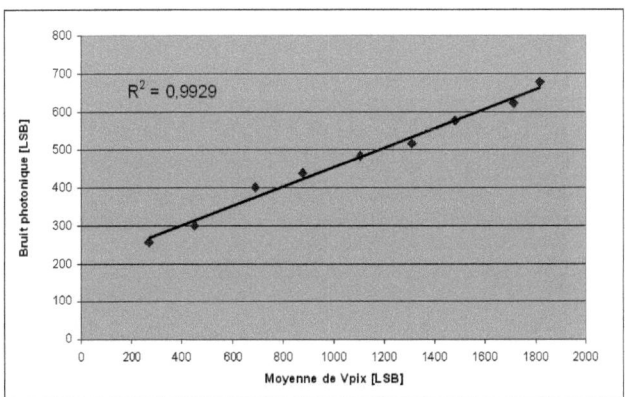

FIGURE 4.8 – Courbe d'extraction du facteur de conversion en LSB/e^-

La pertinence du résultat peut être vérifiée par le coefficient de régression linéaire R^2. Comme on peut le constater sur le graphique 4.8, l'incertitude sur le calcul du facteur de conversion est inférieure 1%.

CVF théorique $[\mu V/e^-]$	Capacité d'intégration théorique$[fF]$
7,3	22
CVF mesuré $[\mu V/e^-]$	**Capacité d'intégration mesurée**$[fF]$
6,1	26,06

TABLE 4.6 – Récapitulatif des résultats afférents au facteur de conversion

4.3.1.3.2 Charge de saturation

La charge de saturation Q_{pix}^{sat} est une donnée relativement importante parce qu'elle intervient dans le calcul de la dynamique du pixel et donc, dans la performance globale du capteur. Elle correspond à la charge maximale qui peut être stockée dans la zone de "mémorisation" du pixel.

La mesure de cette charge revient à extraire la valeur en sortie de pixel pour différents temps d'intégration et pour une illumination constante jusqu'à saturation de cette dernière. Ainsi, connaissant le facteur de conversion CVF, il est facile de connaître la charge équivalente (eq.4.17).

$$Q_{pix}^{sat} = \frac{V_{pix}^{sat}}{CVF} \quad (4.17)$$

avec :
Q_{pix}^{sat} : quantité de charge pour saturation
CVF : facteur de conversion
V_{pix}^{sat} : tension de saturation en sortie du pixel

Charge de saturation en e^-
268 832

TABLE 4.7 – Charge de saturation

4.3.1.3.3 Courant d'obscurité moyen et DSNU

Le courant d'obscurité est dû à une génération de charges par effet thermique dans le pixel qui s'y accumule en s'ajoutant aux électrons produits par le flux photonique. En fonction des technologies utilisées, le courant d'obscurité I_{obt} intervient dans différentes zones du pixel. On exprime généralement le courant d'obscurité en pA/cm^2. Cependant il est plus simple pour la mesure de l'évaluer en $Nq/pixel/sec$.

La mesure du courant I_{obt} se décompose en deux phases :
- en utilisant un temps d'exposition très long, on fait la moyenne sur environ 50 images prises dans le noir le plus complet, afin de s'affranchir des bruits temporels ;
- en utilisant un temps d'exposition nul, on fait la moyenne sur environ 50 images et on les soustrait aux images précédemment acquises. Ainsi on minimise les effets d'offset et de bruit fixe [4].

Le courant d'obscurité peut enfin être représenté comme le coefficient de la droite $\mu_{[\delta Vpix]} = f(T_int)$ où $\mu_{\delta Vpix}$ est la valeur moyenne précédemment obtenue. La division du coefficient directeur de la droite par le facteur de conversion CVF nous permet d'avoir la valeur du courant d'obscurité moyen.

De plus, le taux de génération thermique n'est pas uniforme sur toute la matrice de pixel. Le paramètre DSNU [5], permet de tracer une caractéristique de cette non-uniformité. La distribution en intensité du courant d'obscurité suit généralement une loi gaussienne centrée sur la moyenne du courant thermique. Pour les pixels dont la valeur du courant d'obscurité se trouve au-dessus de cette moyenne, on parle de pixels chauds. La distribution du DSNU est présentée sur la figure 4.9.

T_{int} [ms]	20
Courant d'obscurité théorique [fA]	1,05
Courant d'obscurité mesuré [fA]	1,13
DSNU [%]	99,1

TABLE 4.8 – Valeur du courant d'obscurité et du DSNU

4.3.1.3.4 Contribution en bruit temporel et spatial

Bruit temporel
Pour déterminer le bruit temporel moyen de l'imageur, la méthode consiste en l'observation de la dispersion de la distribution des valeurs en sortie des pixels entre deux prises d'image consécutives obtenues dans les mêmes conditions d'acquisition, c'est à dire à temps d'intégration égal et à même flux lumineux. Le bruit temporel moyen de lecture étant la contribution électrique apportée par l'architecture du pixel, certaines précautions sont à prendre afin d'annuler ou de minimiser les autres contributions :

---

4. Fixed Pattern Noise (FPN)
5. Dark Signal Non Uniformity

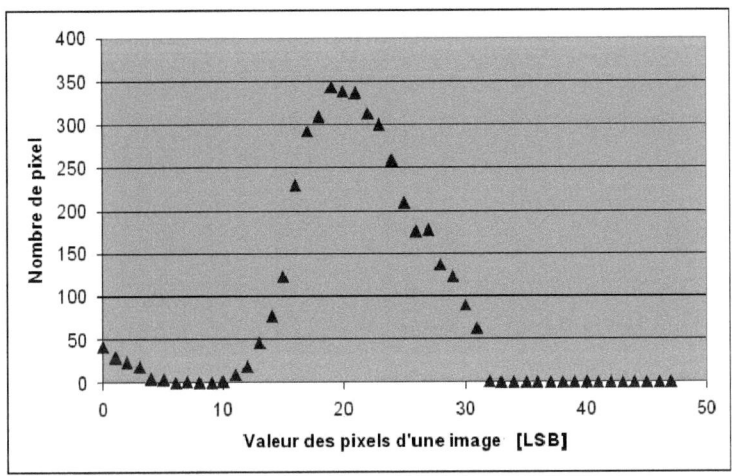

FIGURE 4.9 – Distribution de la non-uniformité du courant d'obscurité à une température de 25°C

- la prise de cinq images dans l'obscurité la plus profonde permet de s'affranchir du bruit photonique. De plus, un temps d'intégration court minimise les effets du courant d'obscurité.
- Puis vient la prise consécutive de deux images. La différence de ces deux images permet de s'affranchir du bruit spatial fixe [6].
- Enfin, le bruit temporel moyen de lecture est obtenu par l'analyse de la dispersion des valeurs précédemment acquises.

Bruit moyen KTC mesuré $[e^-]$	Bruit moyen KTC théorique $[e^-]$
59	55

TABLE 4.9 – Valeur du bruit temporel moyen de lecture KTC

Les résultats présentés dans le tableau 4.10 indiquent un bruit temporel relativement faible.

Bruit spatial fixe ou Fixed Pattern Noise
Le bruit spatial fixe est directement lié à la technologie employée pour la conception du circuit. C'est un bruit déterministe et récurrent. La matrice étant lue par colonne, elle présentera un bruit spatial fixe de colonne.
On distingue deux types de tel bruit :
Dark Fixed Pattern Noise qui est obtenu dans l'obscurité.
Light Fixed Pattern Noise qui est obtenu sous illumination et que l'on nomme également PRNU [7].

La mesure du DFPN est faite dans l'obscurité et à faible temps d'intégration constant afin de s'affranchir du bruit photonique et du courant d'obscurité. Une série d'images successives est prise, puis moyennée afin de minimiser la contribution du bruit temporel. Enfin, le bruit spatial fixe moyen de colonne est obtenu en extrayant l'écart type de la distribution des moyennes des valeurs en sortie de pixel pour chaque colonne.

DFPN colonne
0, 6 % ou 1132 e^-

TABLE 4.10 – Valeur du bruit spatial fixe de colonne

---
6. FPN : Fixed Pattern Noise
7. Photo Response Non Uniformity

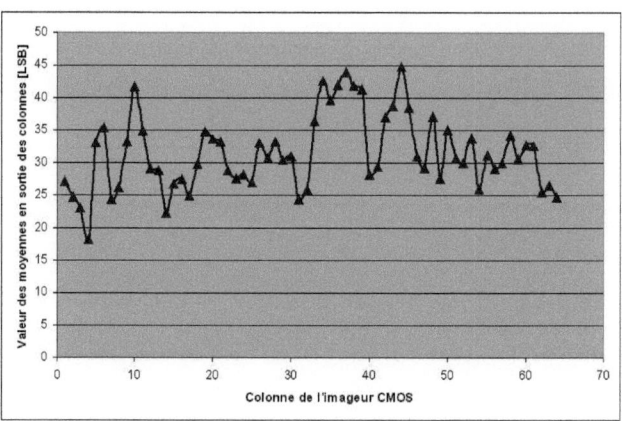

FIGURE 4.10 – Représentation de la disparité des valeurs moyennes des pixels, colonne à colonne pour un flux $\phi(\lambda)$

La faible valeur du FPN, malgré l'absence de correction, peut s'expliquer par l'absence d'amplificateur de colonne. Ce résultat montre que ce dernier ne représente pas un facteur critique de qualité pour l'imageur ici étudié. Il s'agit en fait d'un simple offset variant d'une colonne à l'autre qui est facilement rectifiable par la soustraction de la carte de disparité colonne à l'image prise. Il serait également possible de réduire drastiquement ce bruit par l'adjonction d'une unité de correction de type DDS (Double Data Sampling) sur le circuit de lecture.

4.3.1.3.5 Non-uniformité de réponse sous éclairement (PRNU)

Le **PRNU** provient de la disparité de la réponse inter-pixel. Il peut être défini par l'écart type de la réponse des pixels de tout l'imageur après correction du DSNU. La méthode consiste en la prise d'une cinquantaine d'images consécutives sous illumination uniforme sur toute la matrice et d'en faire la moyenne afin de s'affranchir du bruit temporel. Après avoir appliqué une correction pour prendre en compte le DSNU, le PRNU obtenu est indiqué dans le tableau 4.11.

PRNU
4,8 %

TABLE 4.11 – Valeur de la non-uniformité sous éclairement

4.3.1.4 Paramètres opto-électriques

4.3.1.4.1 Réponse spectrale

La réponse spectrale permet d'extraire la distribution de la réponse du capteur en fonction de la longueur d'onde. La méthode de mesure consiste en la prise d'images pour différentes longueurs d'onde et en l'observation de la valeur en sortie du pixel.
– Pour plusieurs longueurs d'onde λ, et à même illumination, on acquiert plusieurs images que l'on moyenne afin de s'affranchir du bruit temporel, puis on applique une correction du DSNU.
– On extrait la valeur V_{pix} en sortie du pixel que l'on divise par le facteur de conversion afin d'obtenir la réponse spectrale de l'imageur.
La réponse spectrale de l'imageur est présentée sur la figure 4.11, où est aussi la courbe théorique que l'on aurait dûe avoir.
La réponse spectrale présente un maximum sous forme de plateau 540 nm et 790 nm. Ceci assure une bonne restitution de la texture sans avoir recours à une correction colorimétrique. De plus, le capteur présente une bonne réponse à la longueur d'onde du laser utilisé, à savoir 830 nm.

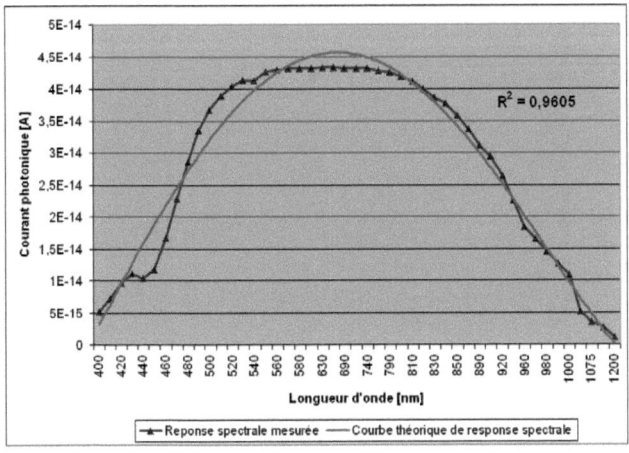

FIGURE 4.11 – Réponse Spectrale de l'imageur CMOS

4.3.1.4.2 Sensibilité

La sensibilité d'un capteur d'images est définie comme la quantité d'électrons en sortie du pixel pour une illumination donnée et par unité de temps de pose. La sensibilité s'exprime alors en ampère par watt (A/W). La méthode de mesure est proche de celle utilisée pour déterminer le facteur de conversion. L'uniformité de l'éclairement de la matrice est un point très important lors de la mesure de la sensibilité. Elle est assurée via une sphère intégrante. De plus, la prise de plusieurs séries d'images moyennées pour différents temps d'intégration minimise le bruit temporel, puis il est nécessaire d'appliquer une correction du **DSNU**.

La sensibilité s'exprime alors :

$$S = \frac{I_{ph}}{P_{opt}} = \frac{V_{pix}/CVF}{Aire \cdot P_{flux}} \ en \ [\frac{A}{W}] \tag{4.18}$$

avec :
S : la sensibilité en A/W
V_{pix} : tension en sortie du pixel en V
P_{flux} : puissance incidente à la photodiode en $W.cm^{-2}$
$Aire$: Aire de la photodiode en m^2
CVF : facteur de conversion

Sensibilité
80,5 $A.W^{-1}$ ou 38 dB

TABLE 4.12 – Valeur de la sensibilité du capteur

4.3.1.4.3 Linéarité

La linéarité de la réponse du pixel traduit la proportionnalité entre le signal de sortie d'un pixel et l'intensité de l'illumination qu'il reçoit. Cette linéarité peut être mesurée directement sur la caractéristique de transfert du pixel qui est présentée sur la figure 4.12.

4.3.1.5 Paramètres de performance

4.3.1.5.1 Rapport signal sur bruit

Le rapport signal sur bruit du pixel[8] est défini comme le rapport entre le signal utile et le bruit total (somme

---

8. Signal to Noise Ratio (SNR)

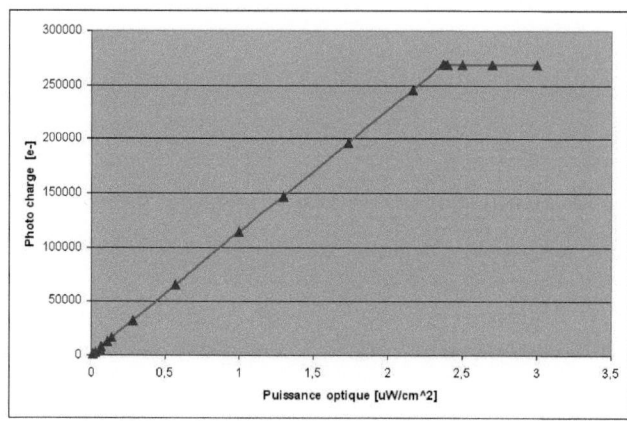

FIGURE 4.12 – Caractéristique de transfert du capteur

quadratique du bruit photonique, du bruit total du pixel et de la PRNU) pour une illumination donnée. Il s'exprime en dB.
Pour un flux lumineux ϕ, le SNR s'exprime comme suit :

$$SNR_\phi = 20 \times \log \frac{S_\phi}{B_{t\phi}} \quad (4.19)$$

avec :
S_ϕ : signal en sortie du pixel pour un flux donné ϕ en nombre e^-
$B_{t\phi}$: bruit total pour le même flux ϕ en nombre e^-

Le bruit total pour un flux donné peut être exprimé par l'expression suivante :

$$B_{t\phi} = \sqrt{B_{TP}^2 + (PRNU \cdot S_\phi)^2 + \sqrt{S_\phi}^2} \quad (4.20)$$

avec :
$\sqrt{S_\phi}$: bruit photonique en nombre e^-
$PRNU$: pourcentage de la non-uniformité de réponse sous éclairement
B_{TP} : le bruit total du capteur en nombre e^-

le bruit total du capteur se défini comme suit :

$$B_{TP} = \sqrt{B_t^2 + DFPN^2} \quad (4.21)$$

avec :
$DFPN$: bruit spatial fixe d'obscurité en nombre e^-
B_t : bruit temporel moyen en nombre e^-

Les résultats de la mesure du SNR sont présentés sur la figure 4.13.
L'analyse du graphique permet de définir la limite critique basse d'illumination avant d'avoir une nette détérioration de l'image acquise.

4.3.1.5.2 Dynamique du pixel

La dynamique du pixel détermine la plage d'utilisation du pixel et s'exprime en dB. Il se définit comme le rapport entre le signal minimal (bruit total de capteur B_{TP}) et maximal (charge de saturation Q_{pix}^{sat}) (tableau 4.13).
On peut le décrire comme suit :

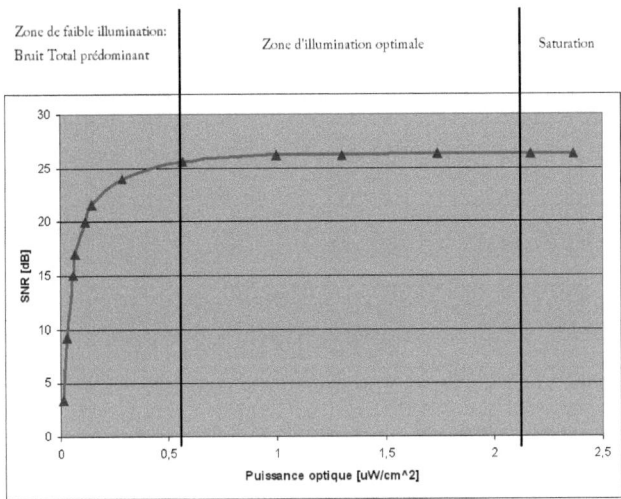

FIGURE 4.13 – Représentation du rapport signal sur bruit en fonction de la puissance du flux optique avec un temps d'intégration de 20ms

$$DR = 20 \times \log \frac{Q_{pix}^{sat}}{B_{TP}} \qquad (4.22)$$

Dynamique
47,7 dB

TABLE 4.13 – Dynamique du capteur

4.3.1.6 Bilan du capteur d'images

Le banc optique mis en place a permis l'extraction de nombreux paramètres avec une bonne précision et une bonne reproductibilité. Il a été observé que l'imageur présente entre autres une bonne dynamique avec un bruit spatial fixe relativement faible. En revanche, la capacité d'intégration étant assez importante, le facteur de conversion s'en trouve amoindri. Le tableau 4.14 résume les paramètres critiques de l'imageur CMOS. La définition de ces paramètres a plusieurs objectifs :
- définir les meilleures conditions d'utilisation du capteur. Cela est possible par l'analyse du SNR, de la charge de saturation, de la dynamique et du courant d'obscurité.
- Vérifier la compatibilité du capteur avec la méthode développée.

Il en ressort plusieurs points importants :
- du fait d'une charge de saturation relativement importante, le capteur dispose d'une bonne dynamique ;
- la réponse spectrale du capteur présente un plateau entre 540 nm et 800 nm. Cela permet une bonne extraction du motif dans l'infrarouge et une bonne acquisition de la texture.
- Le capteur présente une bonne réponse dans le proche infrarouge et plus particulièrement à 830 nm qui correspond à la longueur d'onde de notre projecteur laser. De plus la dynamique et le SNR sont suffisants pour assurer des bonnes conditions d'acquisition dans un milieu relativement contrôlé tel qu'une salle de laboratoire.
- Le faible facteur de conversion limite l'utilisation de ce capteur à des applications ne requérant pas un faible flux lumineux.

Paramètres	Valeurs
Taille matrice	$64 * 64$ pixels
CFV	$6,1\ \mu V/e^-$
Q_{sat}	$268832\ e^-$
I_{obt}	$1,13$ fA
C_{int}	$26,06$ fF
$DSNU$	$99,1\ \%$
KTC	$59\ e^-$
$DFPN$ colonne	$0,6\ \%$
	$1132\ e^-$
$PRNU$	$4,8\ \%$
Sensibilité	38 dB
Réponse spectrale	présente un plateau entre 540 nm et 810 nm
Rapport signal sur bruit	≥ 25 dB
Dynamique	$47,7$ dB

TABLE 4.14 – Récapitulatif des paramètres critiques de l'imageur CMOS

Une fois notre imageur caractérisé, il reste à faire de même avec projecteur de motif laser afin de pouvoir définir clairement les interactions du couple stéréoscopique. La suite de ce chapitre sera donc la présentation des méthodes et résultats de la caractérisation du projecteur laser.

4.3.2 Caractérisation du projecteur laser

Comme expliqué précédemment, le projecteur de motif laser ou plus exactement la déformation du motif sur la scène est la source de la reconstruction en trois dimensions. Cependant, la discrimination du dit motif et de la texture étant obtenue par une différence énergétique, il est absolument nécessaire de caractériser le projecteur laser utilisé.

4.3.2.1 Présentation du banc de caractérisation

Pour la caractérisation du laser, j'ai conçu un banc permettant une mesure précise jusqu'à une distance de 140 cm. Ce banc est identique au banc précédant si ce n'est que le plan a été remplacé par une sonde optique associée à un wattmètre.
Le laser utilisé est une module à diode laser de *StockerYale* modèle *LASIRIS* d'une puissance optique maximale théorique de 100 mW. Une entrée de commande permet à la fois la modulation du laser jusqu'à une fréquence de 10 khz et l'ajustement de la puissance de sortie.
Afin d'assurer la précision de la mesure, un banc gradué en millimètres sur lequel des supports peuvent être fixés est utilisé. Le module laser est positionné de façon fixe, tandis que le capteur de mesure est monté sur une architecture mobile permettant le déplacement de ce dernier tout en assurant parfaitement l'alignement des deux éléments.
La mesure est confiée à un watt-mètre optique *13 PDC 001* de *Melles Griot*. Sa plage de mesure va de 5 pW à 2 W pour des longueurs d'onde allant de 300 nm à 2000 nm.

4.3.2.2 Résultats de la caractérisation

4.3.2.2.1 Mesure de caractérisation de l'interaction électrique et énergique
Le laser étant modulé, il est intéressant de caractériser le rapport existant entre la durée de l'impulsion de commande et l'énergie à l'impact. Les résultats présentés sur la figure 4.14(a) ont été obtenus à une distance de 10 cm dans le but de limiter le plus possible toute forme d'atténuation dûe aux éléments extérieurs.
Comme on peut le constater, les résultats démontrent une parfaite linéarité entre la durée de l'impulsion et l'énergie à l'impact.
Il est également intéressant de mesurer la puissance moyenne en fonction du rapport cyclique de la commande à une fréquence donnée. En effet, la méthode de discrimination spectrale définie dans le chapitre précédent

requiert l'émission du motif laser sous la forme d'une impulsion. Ceci implique que la contrainte d'une cadence vidéo de 25 images par seconde impose une émission du laser à une fréquence de $25Hz$.

Tout comme les résultats précédents, la figure 4.14(b) montre une grande linéarité entre le rapport cyclique et la puissance moyenne indiquant une puissance maximum constante.

Il est intéressant de connaître le comportement du projecteur laser en fonction de l'intensité de sa commande. Dans un objectif de réduction de la consommation, l'utilisation de la puissance maximale du laser peut ne pas être justifiée. Il serait alors possible de faire des économies énergétiques en modulant la puissance optique du laser en fonction du milieu d'acquisition. Le principe de la méthode étant de conserver un gap énergétique suffisant. Les résultats sont présentés sur la figure 4.14(c).

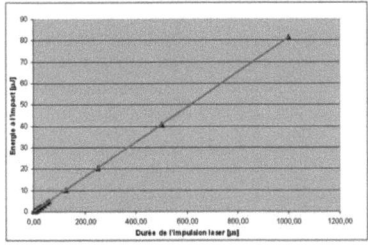

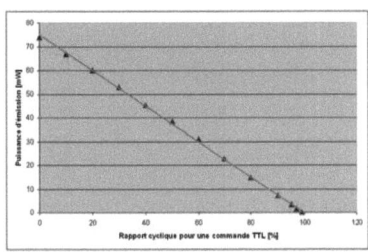

(a) Mesure de l'énergie à l'impact du laser en fonction de la durée de l'impulsion de commande

(b) Mesure de la puissance optique moyenne en fonction du rapport cyclique à une fréquence de $25Hz$

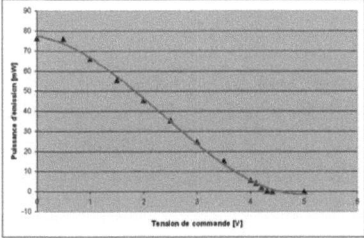

(c) Mesure de la puissance optique en sortie en fonction de la tension de commande

FIGURE 4.14 – Caractérisation de l'interaction électrique et énergétique

4.3.2.2.2 Répartition énergétique des taches laser avec un réseau de diffraction

Le motif projeté sur la scène est, dans le cas de *Cyclope*, une matrice de point générée à l'aide d'un réseau de diffraction pour faciliter son intégration monolithique. Cette optique de diffraction apporte une non-uniformité énergétique dans la distribution du motif. De plus, outre le motif primaire généré (motif d'ordre 1), l'optique de diffraction génère des motifs d'ordre 2 et supérieur. Cependant, dans l'étude ici proposée, il est réaliste de ne considérer que les motifs d'ordre inférieur ou égal à 2, les ordres supérieurs étant négligeables en terme énergétique.

Il est alors possible de définir la composition énergétique du motif comme celle présentée dans le tableau 4.15 en se limitant au second ordre.

Energie de la tache de diffraction centrale	60 %
Energie des taches du premier ordre	37 %
Energie des taches du second ordre	3 %

TABLE 4.15 – Ordre de grandeur de la répartition énergétique d'un motif de type *matrice de point* obtenu via une optique de diffraction

4.3.2.3 Bilan du laser

Les différents résultats présentés ici permettent une définition du comportement du projecteur de motif non seulement en termes temporels, mais aussi en termes énergétiques. Ainsi, l'extraction des paramètres de la caractérisation a permis de mettre en avant deux paramètres critiques dans le cadre de notre application :
- en premier lieu, ce module laser est modulé. Il en résulte que l'émission du motif sera en fait une modulation de type *tout ou rien*. Ceci n'est cependant pas gênant du fait d'un gap énergétique entre la texture et le motif presque toujours supérieur à un facteur 50 dans des milieux expérimentaux contrôlés. Mais, du fait de cet élément, une utilisation en milieu fortement irradiant, tel qu'une surface soumise à un fort rayonnement lumineux, risque d'être impossible à cause d'un gap énergétique trop faible.
- Le second paramètre devant être pris en compte est la non-uniformité énergétique du motif. En effet, outre une tache de diffraction monopolisant la majorité de la puissance optique, l'apparition d'un motif d'ordre 2 peut s'avérer gênant. Il est alors obligatoire d'effectuer un seuillage adapté dans le but de filtrer les ordres supérieurs à 1.

4.3.3 Extraction des paramètres temporels pour la discrimination spectrale

Maintenant que la caractérisation est faite, il est possible de passer à la phase d'extraction des paramètres temporels. Le graphique 4.15 représente l'évolution de la tension en sortie du pixel en fonction de la puissance optique et du temps d'intégration. La mesure a été effectuée à $830nm$, qui est la longueur d'onde d'émission du projecteur laser. Cette courbe a été réalisée à partir des mesures faites sur le banc de caractérisation, ce qui explique que la puissance optique maximale soit de l'ordre de 10 uW/cm^2.

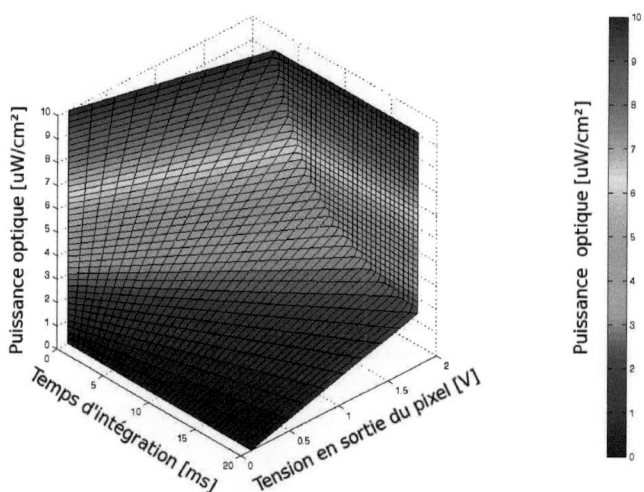

FIGURE 4.15 – Représentation 3D de l'évolution de la tension en sortie du pixel en fonction de la puissance optique et du temps d'intégration

Afin de pouvoir déterminer les paramètres de l'architecture, il est nécessaire d'extrapoler la fonction précédente afin de pouvoir juger la courbe de réponse pour une puissance optique de l'ordre de 1 mW/cm^2. Cette puissance correspond à celle d'une tache laser sans absorption du matériau. La courbe obtenue est présentée sur la figure 4.16.

Le temps d'intégration utilisé pour l'acquisition du motif doit être tel que la tension en sortie du pixel soit proche de la saturation lors de la présence d'un flux incident correspondant à une tache laser. Cependant, ce temps

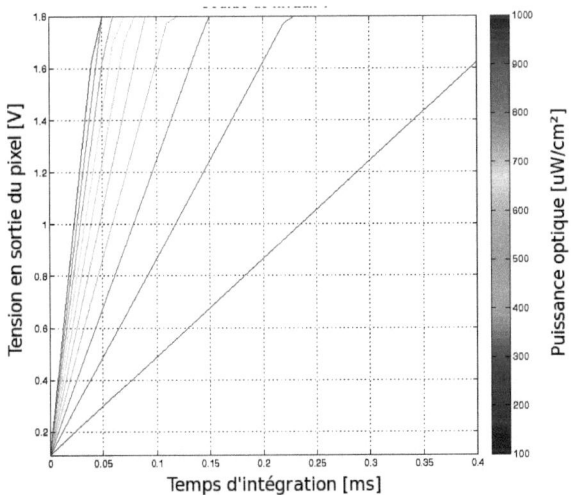

FIGURE 4.16 – Représentation plane de l'évolution de la tension en sortie du pixel en fonction de la puissance optique et du temps d'intégration à l'échelle d'une tache laser

doit être suffisamment faible pour que la tension générée par la texture soit négligeable devant celle générée par le motif.
D'après les mesures réalisées lors de la caractérisation du laser du chapitre 3.2.2, une tache laser génère une puissance optique de 650 $\mu W/cm^2$ sans absorption. Une scène éclairée par une source de lumière adaptée à l'intérieur génère une puissance optique de l'ordre de 30 $\mu W/cm^2$. En se basant sur les courbes de la figure 4.15 et 4.16, un temps d'intégration de 60 μs permet d'obtenir une tension en sortie de 1,6 V pour une tache laser et en tension de 160 mV pour la texture.
Ces temps sont définis par les courbes en supposant une absorption nulle du matériau. Il conviendra alors d'adapter ces temps au milieu d'utilisation. Cependant, l'ordre de grandeur du temps d'acquisition du laser ne risque pas de changer de manière drastique.

4.4 Conclusion

Ce chapitre a permis de présenter les points clefs dans la réalisation et la mise en oeuvre du bloc d'acquisition stéréoscopique.
Tout d'abord, j'ai défini une méthode d'acquisition qui permet la séparation du motif et de la scène en adoptant une approche énergétique et temporelle. Cela apporte de nombreux avantages en terme de conception de système. Une telle méthode ne requiert pas l'emploi d'une technologie particulière, ni l'adjonction de filtre, ni tout autre dispositif optique. De plus, l'électronique de commande pour un capteur utilisant cette méthode est relativement simple et indépendante de ce dernier, ce qui accroît sa capacité d'intégrabilité et sa flexibilité applicative. Nous avons également fixé les pré-requis nécessaires à la bonne mise en oeuvre de notre méthode par la mise en équation du principe de séparation.
Ces pré-requis sont présentés dans le tableau 4.16.
Afin de pourvoir déterminer les paramètres temporels de notre méthode, je présente une méthode de mesure, ainsi qu'un banc de caractérisation qui autorise une bonne précision tout en offrant une très bonne reproductibilité des mesures. La calibration a été faite sans objectif de focalisation, les temps ici proposés représentent d'avantage un ordre d'idées qu'une estimation précise.

Contraintes sur l'imageur	
Fonction de transfert	Linéaire
Réponse spectrale	du visible au proche infrarouge
Contraintes sur l'environnement et le projecteur	
Environnement	Intérieur ou extérieur de nuit
Laser	Infrarouge
Gap énergétique	>100

TABLE 4.16 – Ordre de grandeur de la répartition énergétique d'un motif de type *matrice de points* obtenu via une optique de diffraction

Le chapitre suivant va décrire les moyens de mise en oeuvre de la méthode d'acquisition présentée ici, ainsi que le démonstrateur de seconde génération de *Cyclope*.

Chapitre 5

Prototype : conception, résultats et performances

Sommaire

5.1	***Cyclope* : Architecture de l'unité de traitement**	**70**
	5.1.1 Architecture numérique de contrôle de l'acquisition multi-spectrale	70
	5.1.2 Les pré-traitements	71
	5.1.3 Algorithme d'appariement et de reconstruction 3D	73
	5.1.4 Communication sans fil	74
	5.1.5 Bilan des architectures	75
5.2	**Réalisation du démonstrateur Cyclope V2**	**76**
	5.2.1 Le prototype	76
	5.2.2 Calibration du système	77
5.3	***Cyclope* : performances et utilisation critique**	**78**
	5.3.1 Performances de la séparation spectrale	78
	5.3.2 Impact de la séparation motif/texture sur la précision de reconstruction	81
	5.3.3 Estimation de la consommation	81
5.4	**Bilan**	**83**

Ce chapitre porte sur la réalisation d'un prototype macroscopique de *Cyclope* et de l'évaluation de ses performances tant en termes de ressources nécessaires, de vitesse de reconstruction et de qualité du rendu 3D.
L'organisation de cette partie est faite suivant trois axes :
1. la présentation de l'architecture numérique de *Cyclope* ;
2. la réalisation du démonstrateur macroscopique de nouvelle génération ;
3. évaluation des limites et performances du rendu 3D.

5.1 *Cyclope* : Architecture de l'unité de traitement

Dans cette partie du chapitre je vais présenter et détailler les blocs de traitement qui permettent d'effectuer la reconstruction 3D. Le démonstrateur réalisé a pour objectif premier de permettre la validation des choix qui ont été faits. Les éléments qui composent le démonstrateur, qui sont le module laser, le composant programmable et le capteur d'images, ne peuvent pas être comparés au résultat d'une intégration monolithique.
Il est possible de classer les parties du démonstrateur en quatre catégories :
– acquisition multi-spectrale effectuant la capture de la texture et du motif ;
– pré-traitements sur l'acquisition permettant entre autressss la segmentation, l'étiquetage et le calcul du centre de gravité de chaque point laser ;
– le rendu de la troisième dimension ;
– la gestion de la mise en forme et de l'envoi des données via le module ZigBee.
Cette architecture est mise en oeuvre sur une zone reconfigurable de type FPGA dans laquelle est également mis en oeuvre un processeur PicoBlaze pour réaliser la partie contrôle. La représentation du flot de traitement de cette architecture est présentée sur la figure 5.1.

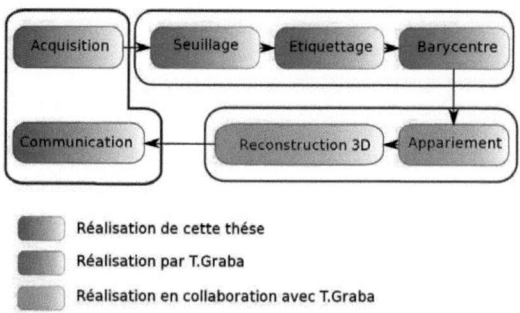

FIGURE 5.1 – Diagramme d'ensemble du flot de traitement du démonstrateur macroscopique *Cyclope*

5.1.1 Architecture numérique de contrôle de l'acquisition multi-spectrale

Pour mettre en oeuvre la technique de discrimination spectrale décrite dans le chapitre 3, j'ai développé une architecture de contrôle. Cette dernière a pour but non seulement de gérer l'acquisition de l'image en pilotant l'imageur CMOS et en stockant les images pour un traitement ultérieur, mais également de synchroniser l'émission du projecteur de motif avec le cycle d'acquisition.
L'architecture qui a été développée est présentée sur la figure 5.2. Elle se compose des éléments suivants :

un séquenceur maître qui gère l'ensemble du processus. Plus précisément, il assure le séquensage du cycle d'acquisition, ainsi que le contrôle de l'imageur CMOS : circuit de lecture et circuit d'adressage.

Un gestionnaire temporel qui prend en charge la gestion du temps de remise à zéro et d'intégration de l'imageur. La consigne temporelle est donnée par le séquenceur maître.

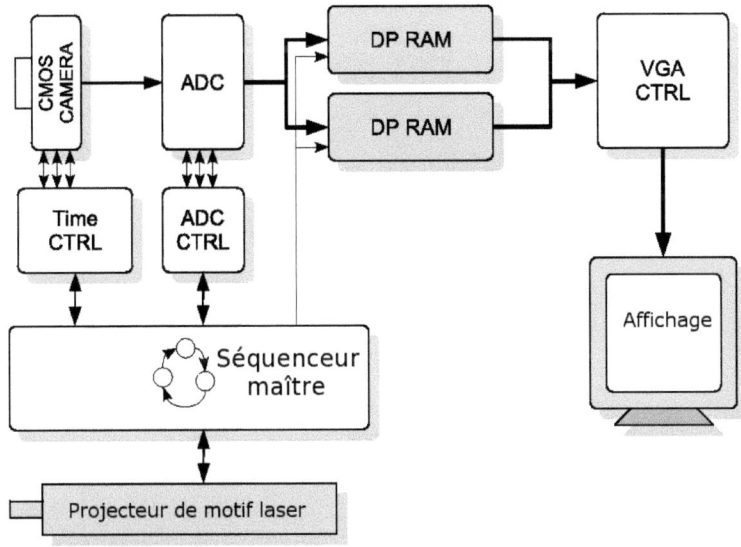

FIGURE 5.2 – Schéma de l'architecture de contrôle et de synchronisation de l'acquisition

Un contrôleur de convertisseur analogique numérique prenant en charge la gestion des commandes de ce dernier.

Deux mémoires à double port pour stocker respectivement l'image de la texture et celle du motif pour les traitements postérieurs tout en permettant un accès asynchrone aux données enregistrées. Les accès en écriture sont directement gérés par le contrôleur de convertisseur analogique numérique.

Un contrôleur VGA (optionnel) pour un affichage en temps réel du contenu des blocs mémoire permettant à la fois un test et une vérification du prototype.

Les deux éléments extérieurs à cette architecture sont le capteur d'images et les convertisseurs analogiques numériques. Nous avons fait en sorte que les contrôleurs respectifs soient facilement adaptables sans engendrer de changement sur les autres parties de l'architecture. Cette caractéristique nous permet d'envisager la possibilité de changer le capteur d'images et les convertisseurs afin de s'adapter plus facilement à l'application visée tout en facilitant les procédures de test sur différents matériels. C'est pourquoi les informations transitant entre les contrôleurs et le séquenceur maître se limitent à des ordres d'exécutions et des messages de fin de traitement. La figure 5.3 présente une version simplifiée de l'algorithme permettant le fonctionnement du système, ainsi que les interactions entre le séquenceur maître, le gestionnaire temporel et le contrôleur du CAN.

L'architecture de commande peut être caractérisée selon deux paramètres :
– sa vitesse de fonctionnement maximale admissible ;
– son taux d'occupation dans le FPGA ou plus précisément ses besoins en ressource.

En fait, ces deux paramètres sont étroitement liés. C'est pourquoi une architecture ayant un taux d'occupation dans le FPGA élevé, donc un besoin de ressources important, rendra le placement/routage plus complexe entraînant une baisse des performances fréquencielles du système. En soit, l'architecture proposée n'est que peu consommatrice de ressources matérielles, car elle n'exécute aucun calcul complexe. Le tableau 5.1 récapitule les performances pour une image de 4096 pixels lors d'une implémentation sur un FPGA Xilinx Virtex-II Pro. Ici la taille de l'image a un impact : la quantité de mémoire que devra embarquer le système. La répercussion de la taille mémoire, et donc celle de l'image, sera traitée dans la partie *Estimation des performances de reconstruction*. Comme nous pouvons le constater, cette mise en oeuvre est relativement légère en terme de ressources. Ceci s'explique par le fait que la solution adoptée ne nécessite aucun calcul complexe. Ceci à pour conséquence de laisser davantage de flexibilité dans la conception des autres algorithmes en libérant le plus possible de ressources

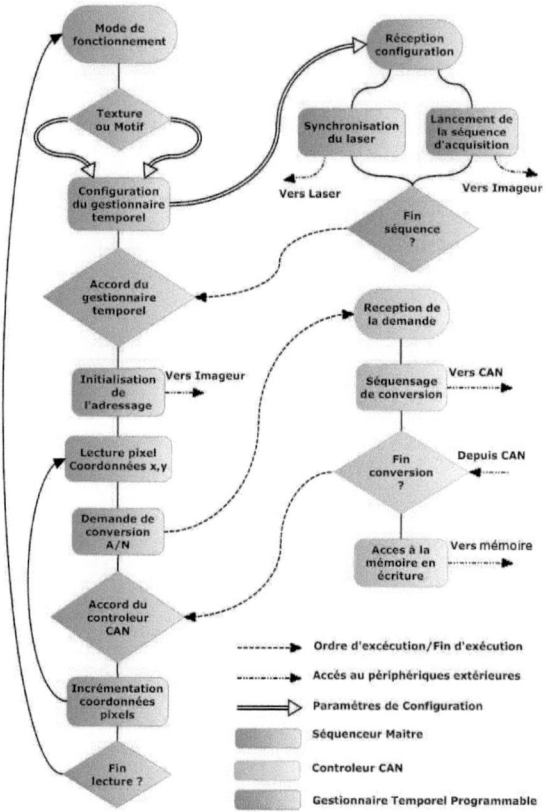

FIGURE 5.3 – Diagramme du séquenceur maître et interaction avec le gestionnaire temporel configurable et le contrôleur CAN

	Valeurs données pour une image de 4096 pixels			
	Clb slices	**Latches**	**LUT**	**RAM**
Caméra	309	337	618	4
Total libre	13693	29060	27392	136
Fmax		116 Mhz		

Mise en oeuvre sur Xilinx Virtex-II Pro XC2VP30

TABLE 5.1 – Ressources nécessaires à l'architecture d'acquisition multi-spectrale

matérielles.

La prochaine partie va présenter les pré-traitements appliqués à l'image pour assurer une bonne reconstruction du relief. Une première version de ces traitements a été définie par T. Graba [40]. Je présente ici une version améliorée de ces pré-traitements.

5.1.2 Les pré-traitements

Les pré-traitements réalisés dans *Cyclope* ont pour objectif final l'extraction des coordonnées dans l'image de chaque point laser projeté sur la scène. Pour cela, trois architectures ont été conçues pour implémenter les algorithmes suivants :
- un seuillage adaptatif afin d'obtenir une version binarisée de l'image ;
- un étiquetage pour classer chaque point laser ;
- le calcul du centre de gravité de chaque point laser.

5.1.2.1 Algorithme de seuillage

Ce bloc a pour objectif la binarisation de l'image afin de permettre l'extraction du motif principal. La projection peut être entachée de divers phénomènes parasites : motifs secondaires générés par le réseau de diffraction, présence de taches fortement lumineuses causée par une forte irradiation, artefacts provoqués par l'imageur lui même, etc. La difficulté dans notre cas est le choix de la valeur de seuillage. Plusieurs méthodes existantes basées sur une valeur statique définie par l'utilisateur ou sur un algorithme dynamique, sont choisies en fonction des caractéristiques de l'image.

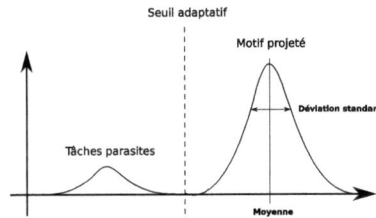

FIGURE 5.4 – Méthode développée pour *Cyclope*

Nous avons opté pour une approche moins complexe que celle de Otsu [73] ou d'autres méthodes dynamiques dans le but de réduire le temps de traitement [51]. Dans notre cas, nous cherchons l'extraction du motif d'ordre 1 dans une image qui peut potentiellement contenir des motifs d'ordre supérieur, ainsi que des zones de plus forte énergie que le reste de la scène. Cependant, le motif d'ordre 1 reste le plus énergétique. L'histogramme de l'image sera alors composé d'un lobe principal correspondant au motif d'ordre 1 et un second lobe correspondant aux taches non désirées.
En partant de cette idée, nous pouvons définir l'algorithme de seuillage de la façon suivante :
- construction de l'histogramme $h[i]$ de l'image en niveaux de gris ;
- recherche du maximum de la gaussienne correspondant au motif d'ordre 1 ;
- calcul de sa moyenne μ et de sa déviation standard σ.

La théorie mathématique est entièrement traitée dans la thèse de T. Graba [40].
Pour réaliser cet algorithme une architecture de traitement parallèle a été conçue. Les caractéristiques complètes de l'implémentation présentée sur la figure 5.5 sont données dans la thèse de D. Faura [31].
La table 5.2 donne les performances de l'architecture pour une implémentation sur FPGA.

	Utilisé	Libre	%
Clb slices	107	13696	0.78%
Latches	192	29060	0.66%
LUT	214	27392	0.78%
RAM	1	136	0.74%
Fmax		215 Mhz	

TABLE 5.2 – Performances du bloc de seuillage

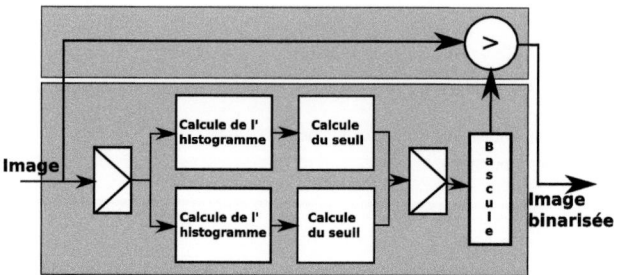

FIGURE 5.5 – Architecture de l'IP de seuillage

5.1.2.2 Algorithme d'étiquetage

Une fois que l'image binarisée, avec uniquement le motif primaire, a été obtenue, il est possible de passer à la phase de classification des taches. Cette classification permet de retrouver les pixels appartenant à chaque tache, puis de calculer leurs centres de gravité respectifs.

Pour cela un étiquetage est effectué. Il permet d'identifier séparément chaque tache, le nombre de pixels la composant et ainsi retrouver la position de son centre de gravité.

Cette méthode utilise un demi-motif de voisinage en connexité quatre et nécessite pour cela deux balayages de l'image :
- le premier passage lit l'image dans le sens vidéo et affecte les étiquettes à chaque pixel de l'image ;
- le second lit l'image dans le sens inverse, puis met à jour la table des étiquettes générées en première lecture en prenant en compte les équivalences.

Le motif de voisinage ainsi que les algorithmes d'étiquetage pour la première et seconde passe sont présentés dans [40].

Les performances de l'implémentation sur FPGA sont données dans le tableau 5.3

	Utilisé	Libre	%
Clb slices	114	13696	0.83%
Latches	102	29060	0.35%
LUT	227	27392	0.83%
RAM	0	136	0.0%
Fmax		135 Mhz	

TABLE 5.3 – Performances du bloc d'étiquetage

5.1.2.3 Calcul du barycentre des points laser

Une fois des deux pré-traitements achevés, le seuillage et l'étiquetage, il est possible de déterminer l'aire de chaque point laser présent sur l'image en nombre de pixel. Le centre de gravité de ces points est alors calculé de la manière suivante :

$$u_{gI} = \frac{\sum_{i \in I} u_i}{N_I} \qquad (5.1)$$

$$v_{gI} = \frac{\sum_{i \in I} v_i}{N_I} \qquad (5.2)$$

Où :
u_{gI}, v_{gI} : abscisse et ordonnée du point laser

u_i and v_i : coordonnées des pixels constituant la tache

N_I : nombre de pixels de la tache

Mais le point le plus délicat dans la détermination exacte du centre de la tache est la réalisation de la division dans les équation 5.1 et 5.2.

La méthode choisie consiste en mémorisation préalable d'un certain nombre de valeur de type $1/N$ où $N \in [1,\text{Nmax}]$ et Nmax la taille maximale statique d'une tache laser, spécifiquement ici Nmax=9. Ceci dans le but de remplacer la division par une multiplication dans le calcul du barycentre des points laser.

La mise en oeuvre de cette méthode est très simple, d'autant plus dans le cadre de notre prototype car la plupart des fonctions DSP sont accessibles dans les derniers FPGA [106].

5.1.3 Algorithme d'appariement et de reconstruction 3D

A l'aide de la phase de calibration décrite au chapitre 1, nous obtenons un jeu de paramètres épipolaires et un modèle de profondeur pour chaque point (voir partie 5.2.2) :
- le premier jeu permet de déterminer de quel rayon laser la tache est issue ;
- le second jeu est un modèle de profondeur pour chaque laser en fonction de coordonnées dans l'image.

Cet ensemble de paramètres est utilisé en temps-réel pour réaliser l'appariement (l'identification de la position originale d'un point du motif à partir de son image) et le calcul de la profondeur.

Pour réaliser cela, une unité de traitement numérique parallèle a été conçue (voir figure 5.6). Ce travail a été fait en collaboration avec T. Graba.

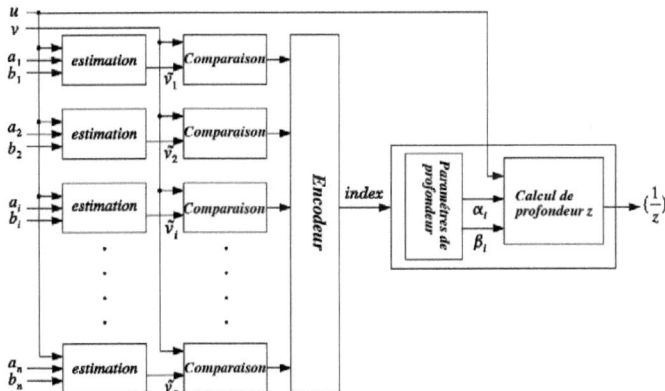

FIGURE 5.6 – Architecture d'appariement et de traitement 3D

Après les pré-traitements, les barycentres des taches laser sont envoyés au bloc d'appariement.

A partir de l'abscisse (u), nous calculons l'estimation de son ordonnée $(\tilde{v})$ à l'aide des paramètres épipolaires. Nous comparons alors cette estimation avec l'ordonnée réelle (v) pour savoir si ce point appartient ou non à la droite épipolaire.

Cette opération est effectuée simultanément pour toutes les droites épipolaires. Après un seuillage pour minimiser le risque d'erreur, un encodeur retourne une valeur index correspondant à la fois à la droite épipolaire à laquelle appartient la tache traitée et au modèle de profondeur devant être utilisé.

Finalement, nous faisons le calcul de la profondeur (z) à partir de l'abscisse (u) et des paramètres (α, β) du modèle de profondeur approprié.

Tous les blocs de cette architecture sont synchrones et pipelinés, autorisant ainsi une haute vitesse de traitement. Les résultats d'implémentation pour un motif de 49 points laser sont présentés dans le tableau 5.4.

	Clb slices	Latches	LUT	RAM
Appariement et reconstruction	1932	3025	3864	0
Total libre	13693	29060	27392	136
Fmax		149 Mhz		

TABLE 5.4 – Performances des blocs d'appariement et de reconstruction 3D

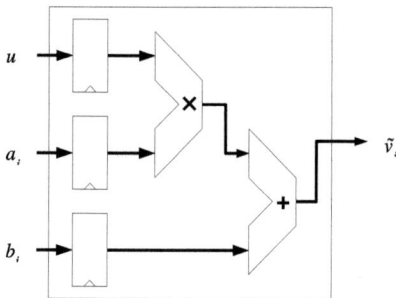

FIGURE 5.7 – Bloc d'estimation

5.1.3.1 Bloc d'estimation :

Le bloc en question calcule l'estimation de l'ordonnée $\tilde{v} = a \cdot u + b$ en fonction de l'abscisse et des paramètres épipolaires.
Mais comme tout système de vision, la calibration doit pouvoir être refaite au cours du temps pour compenser de possibles divergences provenant du vieillissement. Pour assurer cette possibilité les coefficients n'ont pas été codés en dur dans le corps du programme, mais stockés dans une mémoire prévue à cet effet. Lors de la mise en route de *Cyclope* un contrôleur s'occupe du chargement des paramètres dans l'IP [1].

5.1.3.2 Bloc de comparaison :

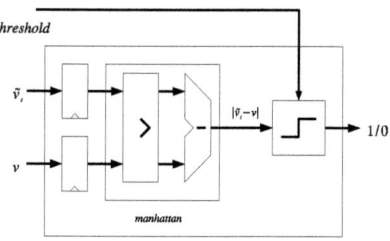

FIGURE 5.8 – Bloc de comparaison

Ici, la valeur absolue de la différence entre l'ordonnée estimée $\tilde{v}$ et l'ordonnée réelle v est calculée. Cette différence est alors seuillée ce qui évite la consommation de ressources par la présence d'un étage de tri. Le seuil est à priori choisi de manière à être égal à la distance minimale existante entre deux lignes épipolaires consécutives. Cette distance est obtenue de manière empirique à partir du graphique représentant les droites épipolaires. De plus, ce seuil peut être défini séparément pour chaque bloc de comparaison. Le résultat de ce bloc est une variable booléenne active lorsque la valeur absolue de la différence est en dessous du seuil.

---

1. Intellectual Property

5.1.3.3 Bloc d'encodage et de reconstruction :

Ce bloc gère trois cas de figures distincts :
- si la comparaison retourne une seule et unique sortie active, l'encodeur retourne un index image de la ligne épipolaire de correspondance ;
- si aucune solution n'est vraie, le point est considéré comme un bruit dans l'image ou un artefact ;
- si plusieurs solutions sont possibles, ceci est considéré comme une erreur ou un cas d'ambiguïté, ce qui entraîne l'activation d'un drapeau d'erreur.

L'index déterminé est alors utilisé par le bloc de reconstruction qui va aller charger ces registres avec le modèle de profondeur adéquat. Ces modèles sont, tout comme les paramètres épipolaires, stockés en mémoire. La profondeur est alors retrouvée par un simple calcul (voir partie *Calibration*). Ici encore, dans le but de minimiser l'erreur engendrée par une division, il a été choisi de calculer l'inverse de la profondeur ($\frac{1}{z}$) plutôt que z. La mise en oeuvre de ce bloc est alors identique à celle de l'estimation.

5.1.4 Communication sans fil

Cyclope possède un module RF pour la transmission des images de la texture, des coordonnées 3D des centres des taches laser et éventuellement de la reconfiguration des architectures de traitements (voir figure 5.9).

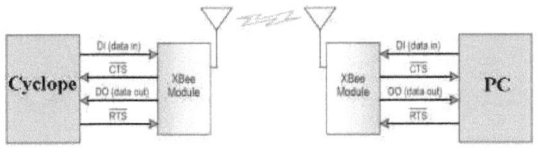

FIGURE 5.9 – Communication sans fil

Selon le standard IEEE802.15 qui correspond à la norme de communication dans le corps humain [108], la fréquence de communication se situe à 403 MHz et se réfère à la bande des systèmes médicaux de communication implantés [2] pour trois raisons :
- une petite antenne ;
- un minimum de pertes dans l'environnement qui permet de concevoir un émetteur de faible puissance ;
- une bande libre n'interférant pas avec d'autre utilisation du spectre radio.

Dans le but de réaliser rapidement la communication sans fil de notre prototype, j'ai opté pour une module Zig-Bee à 2,45 GHz. Ces modules sont disponibles sur le marché contrairement aux modules MICS. Nous assumons le fait qu'une telle solution n'est pas viable dans une application type bio-médicale par exemple, mais elle est envisageable pour des réseaux de capteurs sans fil et permet de réaliser rapidement notre prototype.

Deux modules Xbee-pro de Digi Corporation ont été utilisés :

1. un sur le démonstrateur ;
2. un sur un PC où une interface homme-machine a été conçue pour visualiser en temps réel la reconstruction 3D texturée de la scène.

Le dialogue entre le module sans fil et le circuit FPGA est réalisé par un protocole standard de type UART [3]. Pour se faire, j'ai intégré un coeur de processeur logiciel Picoblaze avec une UART fonctionnelle. Le processeur collecte toutes les informations des différentes mémoires (texture et coordonnées 3D) et les envoie au module sans fil.

L'utilisation des ressources de la mise en oeuvre de la partie contrôle du module de communication est présentée dans le tableau 5.5.

5.1.5 Bilan des architectures

Cette partie du chapitre détaille les architectures mises en oeuvre pour *Cyclope*. Le flot de traitement a été pensé pour répondre à deux objectifs principaux :

---
2. MICS, Medical Implant Communication System
3. Universal Asynchronous Receiver Transmitter

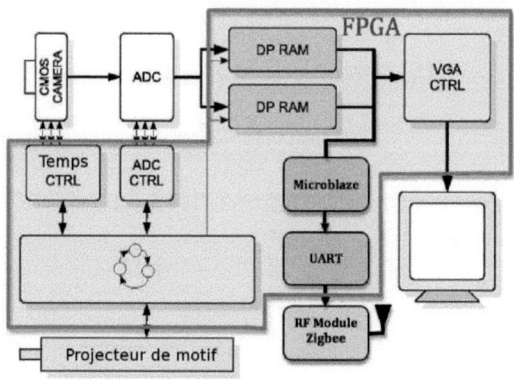

FIGURE 5.10 – Architecture implémentée

	Clb slices	Latches	LUT	RAM
Communication	170	157	277	3
Total libre	13 693	29 060	27 392	136
Fmax		52 Mhz		

TABLE 5.5 – Performances du module de communication sans fil

- limiter les ressources utilisées par le FPGA afin d'abaisser le plus possible la consommation. Les algorithmes et leur mise en oeuvre ne reposent pas sur un principe complexe, mais sur la simplicité et la robustesse, autre originalité de *Cyclope*.
- Assurer un fonctionnement temps réel de l'ensemble de traitement. Pour y arriver, toutes les architectures sont pipelinées et les accès mémoire sont effectués de façon asynchrone.

Le tableau 5.6 récapitule les performances temporelles et matérielles de l'ensemble de *Cyclope*. La cible utilisée est un FPGA Xilinx VirtexII-Pro. Ce tableau traduit les efforts fournis pour limiter les ressources. Si l'on parle en terme de taux d'occupation global, toutes les architectures, sauf celle d'appariement, génèrent un taux d'occupation faible (de l'ordre de 5%).

L'approche d'acquisition énergétique et temporelle qui a été développée durant cette thèse permet de sauvegarder un grand nombre de ressources en n'utilisant aucun calcul complexe ou traitement d'images.

L'appariement est l'architecture la plus consommatrice de ressources logiques, ce qui peut être expliqué par le fait que pour assurer une vitesse de calcul importante, j'ai opté pour une architecture massivement parallèle. Cela a l'avantage de maintenir une vitesse de calcul élevée, même dans le cas de la projection de motif de grande taille, tout du moins en maintenant un taux d'occupation du FPGA raisonnable. Malheureusement, l'augmentation de la taille du motif entraîne une croissance rapide des besoins de ressources et de ce fait une chute des performances.

L'utilisation d'un coeur de processeur logiciel tel que le PicoBlaze permet de gérer très simplement l'envoi des informations via le module sans fil tout en limitant au maximum les besoins matériels.

La partie suivante va décrire le démonstrateur macroscopique *Cyclope* qui a été mis en oeuvre durant ma thèse.

5.2 Réalisation du démonstrateur Cyclope V2

Dans cette partie, je me focalise sur la mise en oeuvre d'un démonstrateur macroscopique de *Cyclope* qui a servi à la validation de notre approche. Bien que ce projet existe depuis quelques années, et qu'un premier démonstrateur a été réalisé, c'est la première fois qu'un démonstrateur regroupe tous les éléments de *Cyclope*.

Architecture	Clb slices	Latches	LUT	RAM	$Fmax$
Caméra	309	337	618	4	116 Mhz
Seuillage	107	192	214	1	215 Mhz
Etiquetage	114	102	227	0	135 Mhz
Appariement	1932	3025	3864	0	149 Mhz
Communication	170	157	277	3	53 Mhz
Total utilisé	2518	3826	5200	8	
Total libre	13693	29060	27392	136	

TABLE 5.6 – Récapitulation des performances

5.2.1 Le prototype

Ce prototype est constitué d'un châssis permettant de supporter l'ensemble des éléments lui-même posé sur un banc optique.

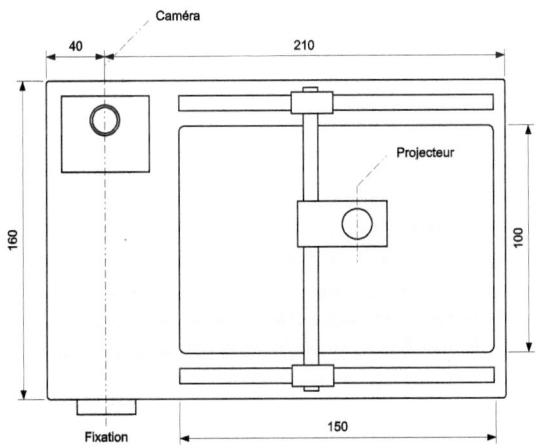

FIGURE 5.11 – Châssis du prototype

Le châssis est présenté sur la figure 5.11. Il possède un support de projecteur mobile afin de pouvoir modifier aisément la géométrie du couple stéréoscopique suivant deux axes.

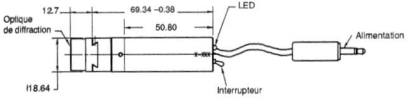

FIGURE 5.12 – Schéma du projecteur de motif

Le projecteur de motif est composé d'un laser infrarouge de 100 mW de puissance émettant à la longueur d'onde de 830 nm. De plus, ce laser peut être modulé en intensité via une entrée compatible TTL prévue à cet effet. Dans le cas d'une modulation de type *tout ou rien*, ce qui concerne notre application, la fréquence maximale est de 500 kHz.
L'optique de ce laser est couplée à un réseau de diffraction permettant la génération du motif. Ce motif est une

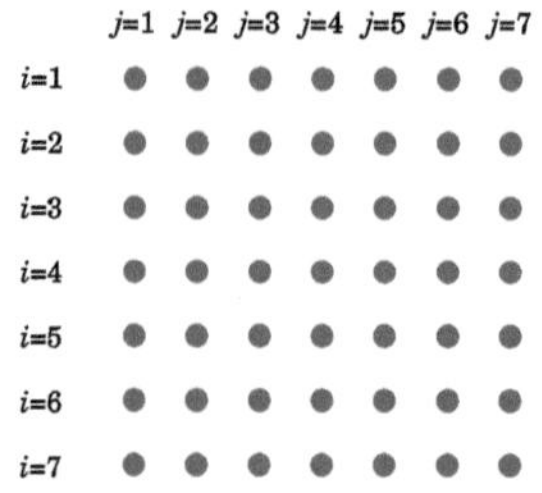

	j=1	j=2	j=3	j=4	j=5	j=6	j=7
i=1	●	●	●	●	●	●	●
i=2	●	●	●	●	●	●	●
i=3	●	●	●	●	●	●	●
i=4	●	●	●	●	●	●	●
i=5	●	●	●	●	●	●	●
i=6	●	●	●	●	●	●	●
i=7	●	●	●	●	●	●	●

FIGURE 5.13 – Motif projeté

matrice de 49 points. L'angle divergence entre les rayons de cette matrice est de $1,9\,°$ (voir la figure 5.13). Outre le projecteur de motif, le châssis supporte toute l'instrumentation de *Cyclope* :
- une carte de développement basée sur un FPGA Xilinx VitrexII-Pro ;
- une carte électronique regroupant l'imageur CMOS, les circuits de polarisation et les convertisseurs analogiques numériques ;
- un mode de communication Xbee Pro basé sur un protocole ZigBee 802.15.4 à 2,4 GHz.

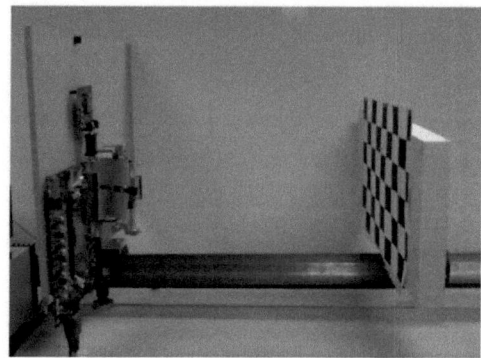

FIGURE 5.14 – Banc optique

Afin de s'assurer d'une bonne précision des mesures ainsi qu'une bonne reproductibilité des protocoles de test, le châssis est fixé sur un banc optique 5.14 gradué en millimètres. Ce dernier possède deux supports coulissants, l'un pour y fixer *Cyclope* et l'autre pour y placer l'objet à reconstruire, permettant ainsi un déplacement parfaitement rectiligne.

5.2.2 Calibration du système

Pour calibrer le système, j'ai d'une part positionné le système composé du projecteur de motif, de la caméra et de la carte FPGA servant à la récupération des images d'un support rigide où d'autre part j'ai monté un plan parfaitement parallèle au plan de la caméra. Ce plan peut se déplacer suivant un axe parallèle à l'axe optique de la caméra.

Pour cette série de tests, le projecteur a été fixé à $4\,cm$ selon l'axe horizontal et $2,5\,cm$ selon l'axe vertical du centre de la caméra ce qui entraîne donc un angle du couple stéréoscopique de $32°$. Cet angle a été choisi pour avoir un espacement optimal entre les droites épipolaires [40].

J'ai pris une série d'images du motif projeté à plusieurs distances du plan de la caméra. Les images prises sont espacées de 1 cm afin d'avoir un modèle le plus précis possible.
J'ai pris dix images ‡ des distances allant de 13 cm à 26 cm.
Ces images ont été traitées et les coordonnées dans l'image du centre de chaque impact laser ont été déterminées (voir figures 5.15).

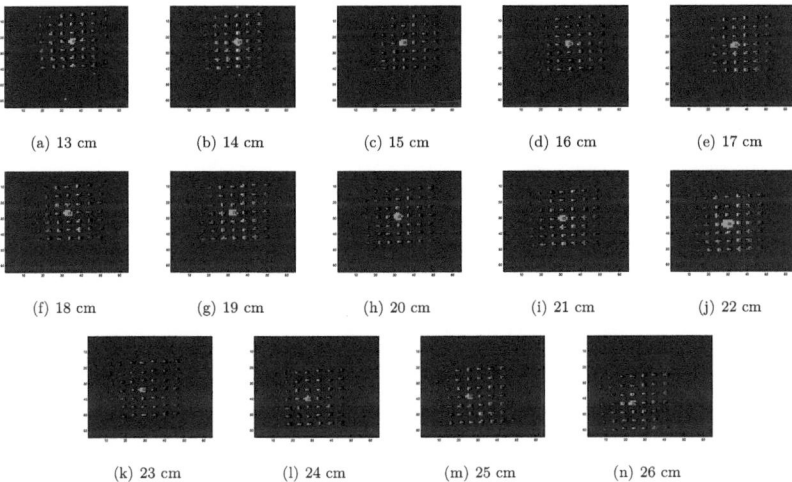

(a) 13 cm   (b) 14 cm   (c) 15 cm   (d) 16 cm   (e) 17 cm

(f) 18 cm   (g) 19 cm   (h) 20 cm   (i) 21 cm   (j) 22 cm

(k) 23 cm   (l) 24 cm   (m) 25 cm   (n) 26 cm

FIGURE 5.15 – Etiquetage et extraction des coordonnées des centres des rayons laser après traitement sous Matlab

A partir de ces 13 images j'ai déterminé les paramètres des lignes épipolaires représentant chacun des 49 rayons laser (voir figure 5.16) représentés par des équations de la forme :

$$v = a_{ij}\, u + b_{ij}$$

Le tableau 5.7 donne les valeurs de ces paramètres.

ij	a_{ij}	b_{ij}	ij	a_{ij}	b_{ij}	ij	a_{ij}	b_{ij}
1,1	-1.632679	37.812468	1,4	-1.609868	62.812117	1,6	-1.595214	79.520813
2,1	-1.660491	44.055690	2,4	-1.682950	70.722945	2,6	-1.644418	87.406914
3,1	-1.720361	50.999978	3,4	-1.654846	75.739927	3,6	-1.692105	95.052260
4,1	-1.720702	57.074904	4,4	-1.699238	82.829708	4,6	-1.706004	101.178399
5,1	-1.813864	64.396831	5,4	-1.726456	89.503009	5,6	-1.661941	104.664390
6,1	-1.926887	72.340379	6,4	-1.788006	96.999014	6,6	-1.779995	115.294771
7,1	-1.854752	76.935145	7,4	-1.805386	103.217119	7,7	-1.761601	120.154630
1,2	-1.600417	45.329205	1,5	-1.579997	70.167407	1,7	-1.649693	91.222856
2,2	-1.671361	53.022034	2,5	-1.650152	78.377143	2,7	-1.666971	97.508942
3,2	-1.704966	59.448393	3,5	-1.685030	85.396530	3,7	-1.756885	107.285851
4,2	-1.763833	66.818269	4,5	-1.764878	94.138324	4,7	-1.768183	113.409818
5,2	-1.767156	72.572414	5,5	-1.731982	98.759254	5,7	-1.813090	120.941558
6,2	-1.810093	79.382011	6,5	-1.779606	106.209675	6,7	-1.761623	124.040574
7,2	-1.799271	84.709104	7,5	-1.738023	110.139807	7,7	-1.784968	130.560896
1,3	-1.571477	53.310770						
2,3	-1.658390	61.077863						
3,3	-1.726204	68.915371						
4,3	-1.764860	75.758947						
5,3	-1.744877	81.041122						
6,3	-1.775698	87.459816						
7,3	-1.741187	92.178458						

TABLE 5.7 – Coefficients des droites épipolaires

Les paramètres ont été également déterminés pour chaque rayon (voir figure 5.17). Ces modèles sont régis par l'équation suivante :

$$z = \frac{1}{\alpha_{ij}\, u + \beta_{ij}}$$

Le tableau 5.8 donne les valeurs des paramètres des 49 modèles de profondeur ainsi que l'abscisse limite pour laquelle le modèle reste valide pour chaque rayon (cette abscisse correspond à la valeur pour laquelle la distance calculée est infinie).

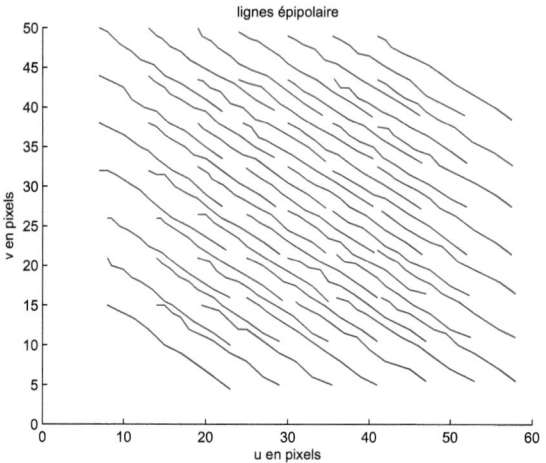

FIGURE 5.16 – Lignes épipolaires représentant les rayons laser

ij	α_{ij}	β_{ij}	ij	α_{ij}	β_{ij}	ij	α_{ij}	β_{ij}
1,1	0.690836	-0.053234	1,4	0.800595	-0.066029	1,6	0.912762	-0.079529
2,1	0.370989	-0.017749	2,4	0.416481	-0.022597	2,6	0.447753	-0.025762
3,1	0.238714	-0.004819	3,4	0.257905	-0.006401	3,6	0.270136	-0.007647
4,1	0.160660	0.002353	4,4	0.172789	0.001309	4,6	0.180060	0.000683
5,1	0.118923	0.005261	5,4	0.125207	0.004808	5,6	0.128509	0.004713
6,1	0.092509	0.006608	6,4	0.095638	0.006608	6,6	0.099136	0.006351
7,1	0.072004	0.007753	7,4	0.075427	0.007581	7,6	0.075728	0.007717
1,2	0.720989	-0.056998	1,5	0.855220	-0.072366	1,7	0.888400	-0.075389
2,2	0.386665	-0.019517	2,5	0.436292	-0.024670	2,7	0.457707	-0.026436
3,2	0.239001	-0.004296	3,5	0.264775	-0.007023	3,7	0.282111	-0.008888
4,2	0.165080	0.001855	4,5	0.178312	0.000618	4,7	0.188527	-0.000390
5,2	0.119346	0.005419	5,5	0.127792	0.004667	5,7	0.137856	0.003387
6,2	0.091266	0.007091	6,5	0.097129	0.006429	6,7	0.102781	0.005903
7,2	0.074115	0.007527	7,5	0.075501	0.007615	7,7	0.080928	0.006966
1,3	0.746728	-0.059065						
2,3	0.406151	-0.021421						
3,3	0.206818	0.037938						
4,3	0.168284	0.001755						
5,3	0.123857	0.004852						
6,3	0.093191	0.006906						
7,3	0.072877	0.007943						

TABLE 5.8 – Coefficients des modèles de profondeur

Une fois la phase de calibration terminée, j'ai pu déterminer les paramètres épipolaires et les modèles de profondeur nécessaires à l'appariement et à la reconstruction 3D. Ces paramètres vont pouvoir être chargés en mémoire du FPGA pour être utilisés.

5.3 *Cyclope* : performances et utilisation critique

Maintenant que la dernière version du démonstrateur de *Cyclope* a été présentée aussi bien d'une façon architecturale que structurelle, il est possible de mener plusieurs expérimentations afin de définir les performances de la séparation spectrale et si besoin est, de définir les conditions limites d'utilisation.

Cette partie permet de faire le point sur plusieurs aspects du système :

- les performances de la séparation spectrale pour différentes conditions d'utilisation ;
- l'impact de la méthode développée sur la précision de la reconstruction ;
- l'estimation de la consommation du système selon la cible du portage.

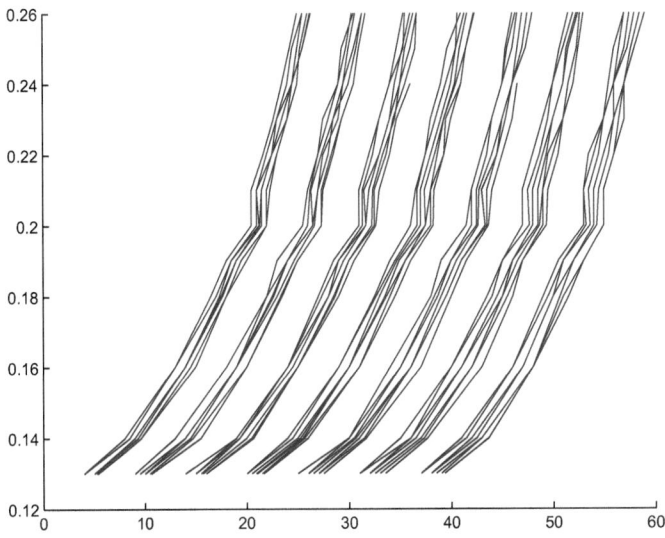

FIGURE 5.17 – Modèles de la profondeur en fonction de l'abscisse dans l'image

5.3.1 Performances de la séparation spectrale

La méthode de séparation spectrale présentée dans le paragraphe précédent permet la détermination de plusieurs paramètres temporels. Cependant, la caractérisation en tant que telle ne prend pas en compte le seul élément que nous ne pouvons maîtriser et qui peut se révéler primordiale dans notre approche de la discrimination. Il s'agit de l'influence que peut avoir l'optique utilisée avec la caméra. C'est aspect a été pris en compte lors de la mise en équation de notre méthode dans le paragraphe 4.1.2.
Pour tenter d'estimer cette influence, des tests de discrimination ont été faits pour plusieurs temps d'intégration avec trois optiques différentes. Deux paramètres ont été pris en compte pour l'estimation de la qualité de la discrimination :
- l'histogramme de l'image en niveaux de gris afin de mesurer la bonne rejection de l'arrière plan en fonction du temps d'intégration ;
- la qualité visuelle de l'image. Par qualité, j'entends la capacité à effectuer un étiquetage correct du motif. Si le gap entre le motif et la texture est insuffisant ou si les taches sont confondues, l'étiquetage risque d'être erroné.

Pour ces tests, trois optiques différentes ont été utilisées. Elles ont été choisies car elles sont potentiellement utilisables dans des applications intégrées et donc de faible volume. Le tableau 5.9 présente leurs caractéristiques.

Distance focale	Angle d'ouverture	Distorsion diagonale à champ total	Distance de travail minimale	Marqueur
$1,7$mm	$109°$	-60%	400mm	MiniCam1
$2,2$mm	$130°$	$-48,5\%$	400mm	FishEye
$2,9$mm	$96°$	-46%	400mm	MiniCam2

TABLE 5.9 – Caractéristiques des objectifs caméra

Afin d'assurer une bonne lisibilité des résultats, tous les tests sont réalisés pour la même série de temps d'inté-

gration et à la distance nominale de chaque objectif. Les conditions d'éclairement sont également les mêmes, à savoir un éclairage de type néon en laboratoire, soit environ 600 lux. Le protocole d'acquisition des images est le même pour tous les objectifs et consiste en six acquisitions :
– une acquisition de la texture seule avec un temps d'intégration de 40 ms ;
– une acquisition du motif seul avec une temps d'intégration de 40 ms dans l'obscurité la plus complète ;
– une acquisition du motif et de la texture durant 40 ms ;
– trois acquisitions du motif et de la texture pour plusieurs d'intégrations.

5.3.1.1 Objectif Minicam1

Cet objectif provient d'une mini-caméra de type CA88 qui est utilisée pour des applications simples. L'intérêt d'un tel objectif est de pouvoir tester notre méthode dans des conditions à faible distance focale où les objectifs sont de petit diamètre.

La figure 5.18 présente une série d'images acquises pour différents temps d'intégration. Les histogrammes correspondant à chaque image sont présentés sur la figure 5.19. Quelques points sont à noter :
– En adoptant un facteur temporel entre l'acquisition de la texture et du motif de 8, le taux de rejection est plus que satisfaisant.
– Un facteur temporel supérieur entraîne une prédominance du bruit global du capteur. L'appariement peut alors être entaché d'erreur, voir impossible dans le pire des cas, comme respectivement sur les prises d'images avec un temps d'intégration de 500 μs et 100 μs.

Dans le cas d'une illumination plus forte que celle présente lors des tests, il est nécessaire d'augmenter le facteur temporel, ce qui entraînerait là encore une prédominance du bruit. Autre fait important, il est apparu lors des tests que l'appariement n'était effectif qu'en dessous d'un distance objectif/scène inférieur à 30 cm. Au delà, le motif reçu n'est plus assez énergétique pour compenser le bruit du capteur.

Ce type d'objectif limite alors l'utilisation de la méthode à des applications faible flux et à faible distance.

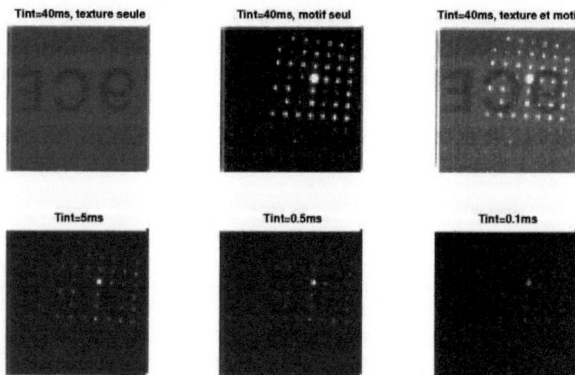

FIGURE 5.18 – Images de la texture et du motif pour plusieurs configurations temporelles avec l'objectif Mini-Cam1

5.3.1.2 Objectif MiniCam2

Cet objectif est sensiblement le même que celui précédemment utilisé à ceci près que sa distance focale plus importante ainsi qu'un diamètre plus grand. Du fait de ce plus grand diamètre, la capacité à collecter le flux est plus important et améliore l'efficacité globale du système.

Ici encore, un taux de rejection de la texture satisfaisant est atteint pour un facteur temporel relativement faible, soit environ huit. Mais contrairement au cas précédent, il est possible de pousser le taux de rejection plus loin du fait d'une meilleure captation du motif. Lors d'une acquisition avec un temps d'intégration de l'ordre

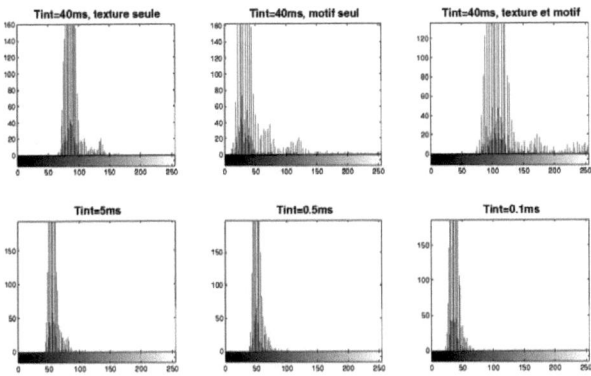

FIGURE 5.19 – Histogramme d'images prises avec l'objectif MiniCam1

d'une centaine de micro-seconde (dernière image de la figure 5.20), le motif peut aisément être extrait malgré la présence de fortes zones irradiantes en arrière plan.

Bien que cet objectif soit moins restrictif que le précédent en terme de séparation spectrale, son angle d'ouverture important (109°) et la taille réduite de la matrice entraîne de problème d'étiquetage. Certaines taches ont tendance à fusionner avec ses voisines . Cela est particulièrement vrai pour la tache centrale de diffraction qui est bien plus énergétique de les autres.

Les acquisitions et les histogrammes de ces dernières sont présentés respectivement sur les figure 5.20 et 5.21.

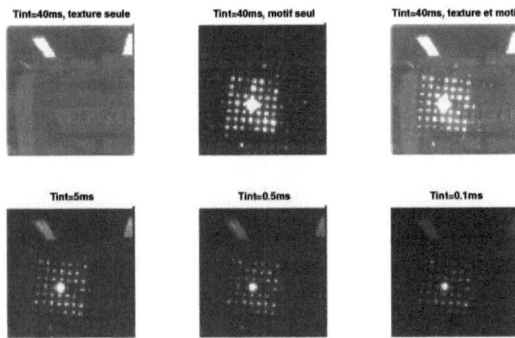

FIGURE 5.20 – Images de la texture et du motif pour plusieurs configurations temporelles avec l'objectif Mini-Cam2

5.3.1.3 Objectif FishEye

L'analyse d'un objectif de type FishEye est très intéressante en raison de son utilisation dans des applications d'endoscopie par capsule. Cela permet de tester notre méthode dans des conditions similaires en terme de spécificités optiques.

Les résultats présentés sur les figures 5.22 et 5.23, représentant les acquisitions et leurs histogrammes, sont quasiment identiques au cas précédent. Cependant, l'angle d'ouverture de l'objectif très important entraîne un

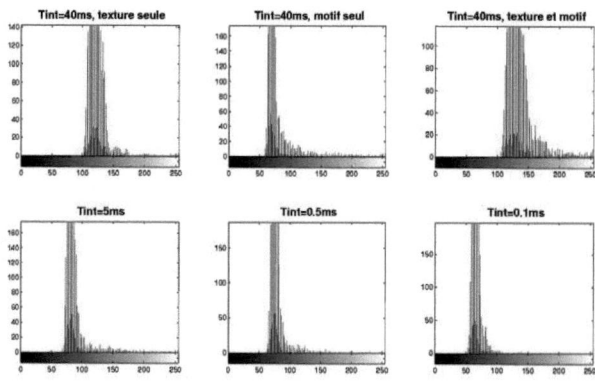

FIGURE 5.21 – Histogramme d'images prises avec l'objectif MiniCam2

étiquetage pratiquement impossible lorsqu'il est utilisé avec une matrice de petite dimension.

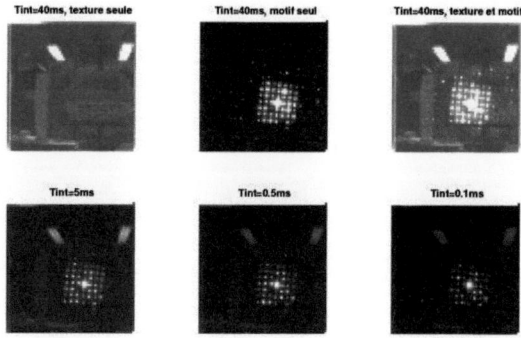

FIGURE 5.22 – Images de la texture et du motif pour plusieurs configurations temporelles avec l'objectif FishEye

5.3.1.4 Bilan de la séparation spectrale

La mise en équation de notre méthode a démontré l'existence d'une composante n'ayant pas de modèle mathématique connu. Cette composante dépend entre autres choses de l'optique utilisée. Les résultats présentés permettent de se faire une idée plus précise de l'influence de ce paramètre.
A la vue des résultats présentés, nous remarquons que le choix de l'objectif de focalisation va influencer les configurations temporelles de l'architecture.
Ce paramètre ne remet pas en question l'efficacité de la méthode développée durant cette thèse. Mais il nécessaire de mettre au point un modèle optique de l'objectif de focalisation et de le coupler au modèle d'interaction obtenu à l'aide de la phase de caractérisation et présenté chapitre 4.3.3, afin de pouvoir affiner la méthodologie de détermination des paramètres temporels.
La caractérisation a pour but de définir les valeurs intrinsèques du capteur en dehors de tout facteur extérieur. Cependant, l'utilisation d'un objectif focalisant est obligatoire mais entraîne une modification des caractéristiques d'interaction globales du système avec le flux lumineux incident. Les performances de la séparation

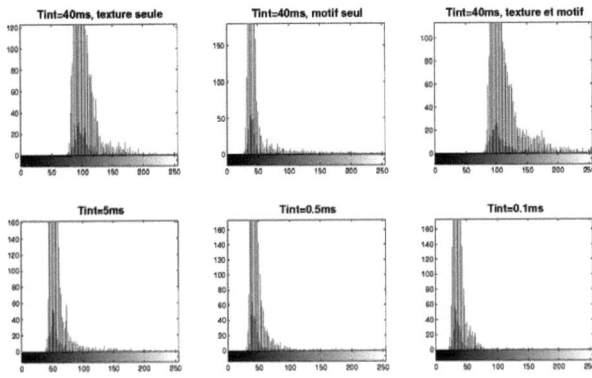

FIGURE 5.23 – Histogramme d'images prises avec l'objectif FishEye

spectrale pour une configuration temporelle donnée sont alors dépendantes du type d'objectif utilisé.
Par exemple, avec un objectif de grande taille dont les caractéristiques sont données dans le tableau 5.9, les résultats présentés sur la figure 5.24 sont proches de ceux attendus avec la configuration temporelle donnée au chapitre 4.3.3. Ceci est rendu possible par sa grande aptitude à capter les photons.

Distance focale	Angle d'ouverture	Distorsion diagonale à champ total	Distance de travail minimale	Marqueur
12, 5mm	40°	NC	400mm	Caméra

TABLE 5.10 – Caractéristiques de l'objectif caméra

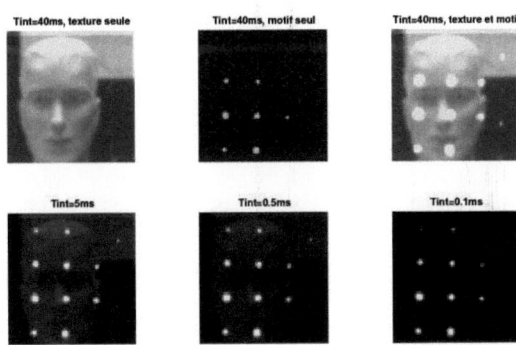

FIGURE 5.24 – Images de la texture et du motif pour plusieurs configurations temporelles avec l'objectif Caméra

5.3.2 Impact de la séparation motif/texture sur la précision de reconstruction

La méthode qui a été développée est basée sur une distinction énergétique de la texture et du motif. Le temps d'acquisition est alors modifié en conséquence afin d'acquérir l'un ou l'autre. La reconstruction 3D employée dans notre capteur est une méthode optique, et la phase dépendante directement de la qualité de l'acquisition est l'étiquetage qui lui même influera sur le calcul du barycentre. Il est alors intéressant de mesurer l'influence que peut avoir notre mode d'acquisition sur la précision du système.

Pour évaluer la reconstruction, le protocole de test est divisé en deux étapes :

1. la mesure de l'erreur de reconstruction en fonction de la distance pour un temps d'intégration donné ;
2. la mesure de l'erreur de reconstruction en fonction du temps d'intégration à une distance donnée.

Le graphique 5.25 présente l'erreur de reconstruction en fonction de la distance. Le temps d'intégration choisi pour ce test est de 100 μs.

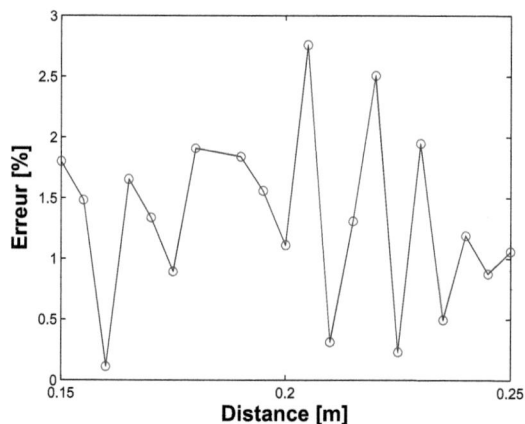

FIGURE 5.25 – Erreur de reconstruction en fonction de la distance pour un temps d'intégration de 100 μs

On constate que l'erreur moyenne est faible et reste constamment en dessous de 3% sur toute la plage de mesure. Ceci correspond à une erreur moyenne de 1,31% soit 1,8mm pour une reconstruction à plus de 15 cm. Ces chiffres sont très proches de ceux qui avaient été donnés avec la méthode d'acquisition précédente qui consistait à capturer indépendamment le motif et la texture en émettant le laser uniquement dans l'obscurité. Les résultats de la figure 5.26 montrent l'influence que peut avoir notre approche sur le calcul du barycentre. La distance de référence est de 15,5 cm.

On observe que l'erreur optimale est comprise entre deux bornes temporelles. Ceci peut être expliqué en deux points :

1. si le temps d'intégration est trop important, la tache peut saturer le capteur et engendrer un effet de blooming. Certains pixels voisins peuvent alors par recombinaisons se trouver éclairés. Lors de l'étiquetage, la tache est plus grosse quelle ne devait l'être ce qui peut entraîner un déplacement du centre de gravité.
2. Dans le cas d'un temps d'intégration faible, l'acquisition du motif risque d'être de qualité insuffisante ; un décalage d'un pixel ou deux peut apparaître, ce qui dans le cas d'une résolution faible entraîne une erreur relativement importante.

Les résultats présentés dans cette partie permettent de démontrer une bonne précision du système. De plus, notre méthode d'acquisition n'influence pas de manière drastique sur la reconstruction 3D. Il est cependant nécessaire de bien définir les temps d'intégration pour l'acquisition du motif sous peine d'encourir le risque d'introduire une erreur dans la position réelle de la tache.

5.3.3 Estimation de la consommation

L'architecture de *Cyclope* a été pensée pour permettre une intégration optimale. Cela est possible en limitant les ressources matérielles nécessaires mais aussi en minimisant la consommation globale du système. Cette partie du chapitre vise l'évaluation de la consommation du système pour différente cible.

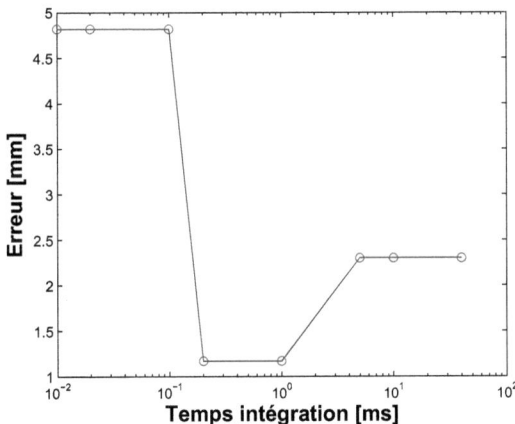

FIGURE 5.26 – Erreur de reconstruction en fonction du temps d'intégration pour une distance de 15,5 cm

Cette estimation vise avant tout l'architecture numérique et le projecteur de motif. La consommation de l'imageur n'est pour l'instant absolument pas représentative d'une version intégrable d'un point de vue résolution et finesse de gravure.
Les cibles choisies sont au nombre de trois :
1. VirtexII-Pro de Xilinx, il s'agit de la cible d'origine pour le développement du prototype de *Cyclope* ;
2. Virtex 4 de Xilinx, qui propose une technologie plus avancée ;
3. IGLOO de Actel, il s'agit d'une technologie basse consommation.

De plus, il est important de pouvoir estimer la consommation de la partie analogique de *Cyclope*, c'est dire du projecteur de motif et de l'imageur, même si ce dernier n'est en rien similaire à ce que doit être une version plus avancé.

5.3.3.1 VirtexII-Pro et Virtex4 de Xilinx

Les estimations pour les cibles de Xilinx ont été faites à l'aide de XPower. De plus, le taux de charge à été maximisé par le coefficient 2 afin d'obtenir l'estimation de consommation maximale lors d'une utilisation de l'architecture permettant une reconstruction à 25 FPS [4]. Les chiffres sont présentés dans le tableau 5.11.

Cible	Dynamique	Statique	Horloge système	Température
VirtexII-Pro XC2VP2	1720 mW	417 mW	90 MHz	25° C
Virtex4 LX	413 mW	607 mW	90 MHz	25° C

TABLE 5.11 – Estimation de consommation de l'architecture numérique sur cible Xilinx

Les chiffres de cette estimation de consommation sont très importants. Cela était prévisible dans le sens où ces cibles ne sont absolument pas adaptées pour une intégration de haut niveau et sur-dimensionnées pour nos besoins. La différence de consommation peut s'expliquer de plusieurs manières :
– la finesse de gravure de la Virtex4 est en 90 nm-1,2V alors que celle de la VirtexII-Pro est en 130 nm-1,5V ;
– l'une des grandes sources de consommation de la VirtexII-Pro vient des blocks multiplieurs qui représentent 40% de sa consommation globale. A contrario, la Virtex4 utilise des fonctions DSP [5] avancées permettant de réduire grandement la consommation énergétique.

---
4. Frame Per Second
5. XtremeDSP Slice

5.3.3.2 IGLOO de Actel

Cette cible est intéressante dans la mesure où il s'agit d'une technologie basse consommation et dont les dimensions du package sont aux plus de 8mm*8mm.

L'estimation a été faite sur un IGLOO AGL1000 disposant d'un million de portes logiques. Il s'agit de l'une des versions la plus grosse de la gamme. Ceci étant nécessaire pour contenir l'architecture de *Cyclope*.
Le tableau 5.12 résume la consommation de l'architecture numérique.

Cible	Dynamique	Statique	Horloge système	Température
IGLOO AGL1000	206,6 mW	0,216 mW	90 MHz	$25°$ C

TABLE 5.12 – Estimation de consommation de l'architecture numérique sur cible Actel

La consommation est suffisamment faible pour envisager une intégration sur ce genre de cible. Cette faible consommation peut s'expliquer par deux choses : une technologie en 90nm et une mémorisation Flash et non RAM garantissant une consommation statique très faible.

5.3.3.3 Projecteur de motif et imageur

La partie analogique du capteur est constituée par le projecteur et l'imageur.
Dans notre cas, la consommation de l'imageur est négligeable devant les autres sources en raison d'une faible taille et de la simplicité du circuit de lecture. Ainsi, avec une cadence vidéo de 25 images par seconde, la consommation de notre imageur ne dépasse pas 18 mW.
La consommation du projecteur laser va dépendre de la puissance optique que celui-ci doit fournir. Dans le cas d'une VCSEL fournissant une puissance optique de l'ordre de 100mW comme celle utilisée pour notre démonstrateur, la consommation est 530 mW. Une telle consommation est trop importante pour être utilisée dans une application intégrée. Mais plusieurs travaux ont montré la possibilité de réaliser des VCSELs dont la consommation est inférieur à 1 mW pour une puissance optique de l'ordre de 1 mW [97]. Il serait alors envisageable de concevoir une matrice de VCSELs telle que présentée par [80] pour remplacer une projecteur unique de plus forte puissance.

5.3.3.4 Bilan consommation

Les estimations ici présentées nous ont permis d'évaluer pour la première fois la consommation de *Cyclope*. Elles portent sur les parties analogiques et numériques du capteur, et de voir ainsi l'intégrabilité des solutions choisies. Le récapitulatif de la consommation de *Cyclope* est présenté dans le tableau 5.13

	Partie numérique		Partie analogique	
	Dynamique	Statique	Projecteur	Imageur
IGLOO AGL1000 Matrice de VCSELs Imageur 64 * 64	206,6 mW	0,216 mW	≈50 mW	18 mW

TABLE 5.13 – Estimation de consommation de l'architecture numérique sur cible Actel

5.4 Bilan

Ce chapitre a mis en avant de nombreux points qui ont permis de valider le travail effectué durant cette thèse. Pour cela, j'ai conçu un démonstrateur de *Cyclope* afin de mettre en oeuvre les diverses solutions qui le composent. C'est la première fois que l'ensemble des traitements a été testé sur une plate forme unique.
La mise en oeuvre de ce démonstrateur et sa validation a pris plusieurs aspects :

1. la caractérisation de chaque bloc de traitement qui compose *Cyclope* et leur intégration sur une plate forme commune ;

2. la calibration du système ;
3. la définition des performances de la séparation motif/texture et la mise en évidence de l'influence des paramètres intrinsèques des objectifs de focalisation ;
4. l'estimation de l'influence de notre méthode sur la qualité de la reconstruction 3D ;
5. l'estimation de la consommation globale du système.

Le tableau 5.14 récapitule les performances du démonstrateur.

Paramètres	Valeur
Erreur moyenne	1,31%
Précision moyenne	1,8 mm
Consommation numérique max (IGLOO de Actel)	206,8 mW
Consommation analogique (Matrice de VCSEL)	$\approx$ 70 mW

TABLE 5.14 – Performances du démonstrateur macroscopique de *Cyclope*

Ce chapitre a également permis de mettre en lumière l'influence de certains paramètres tels que ceux de l'objectif de focalisation. Cette influence, bien que réelle, ne remet pas en question l'efficacité de la méthode de discrimination mais met en avant l'intérêt de concevoir un modèle de l'objectif pour affiner la méthodologie de définition des paramètres temporels de l'architecture.

Un autre point intéressant qui a été traité est l'influence de notre méthode sur la reconstruction 3D et plus exactement le temps d'intégration lors de l'acquisition du motif. Ici encore l'influence est relativement faible mais bien présente. Cela prouve que le choix du temps d'intégration est une étape primordiale dans la précision de la reconstruction 3D, d'où l'importance d'affiner encore plus la modélisation de l'interaction lumière/capteur en prenant en considération le système dans son ensemble.

Chapitre 6

Conclusion et perspectives

Sommaire

6.1	Conclusion	86
6.2	Perspectives	87

6.1 Conclusion

Les systèmes électroniques permettant de reconstruire la troisième dimension existent depuis plusieurs années maintenant. Ils ont trouvé leur place dans des domaines d'application aussi nombreux que variés tels que le cinéma, le contrôle de qualité sur les chaînes de fabrication, la surveillance, l'aide à la conduite ou la cartographie. Bien que les recherches sur ces domaines aient fait évoluer les capteurs de vision 3D, ceux-ci restent limités à des applications déterminées ne nécessitant qu'une ou deux contraintes fortes. C'est ainsi que des systèmes très précis existent mais, à cause de leur taille et de leur consommation importante, la définition des capteurs permettant en temps réel laisse à désirer.

Depuis quelques années, de nouveaux domaines d'applications sont apparus tels que les capsules endoscopiques, la cartographie de zone difficilement accessible ou bien encore les micro-drones. Ces applications pourraient tirer un grand avantage à avoir la possibilité de reconstruire leur environnement en 3D mais les systèmes existants sont trop limités de par leur encombrement et consommation.

Pour répondre aux besoins de ces nouvelles applications, nous avons défini le projet *Cyclope*, un capteur de vision 3D intégré sans fil qui :

1. à un taux d'intégration élevé afin d'obtenir un capteur de faible taille et peu consommateur en énergie ;
2. réalise une reconstruction en temps réel, c'est à dire avec une cadence de 25 images par seconde ;
3. assure la versatilité du capteur afin qu'il puisse être facilement adapté aux applications ciblées ;
4. assure la capacité à être un objet communiquant pour, d'une part permettre l'envoi des résultats de reconstruction 3D sans fil, d'autre part pouvoir insérer *Cyclope* au sein d'un réseau de capteurs.

Malgré les progrès de la micro-électronique ces dernières années, l'intégration d'un système de vision 3D sur puce reste une chose délicate. C'est en cela que les travaux présentés dans ce manuscrit prennent tout leur sens. Il s'agit d'une étude des possibilités d'opérer une stéréoscopie active intégrée sur silicium.

L'état de l'art et les besoins des applications telles que l'endoscopie 3D ont montré que l'existant ne permettait pas de répondre à toutes les contraintes mises en avant.

Je propose alors une approche permettant une séparation du motif et de la scène directement sur le capteur sans traitement électronique ou d'image et sans filtrage optique. Il s'agit d'une approche à la fois énergétique et temporelle, fonctionnant en temps réel et qui peut être adaptée à des systèmes de vision existants mais ne disposant pas encore d'une capacité de reconstruction 3D.

Pour la mise en oeuvre d'une telle méthode, il a été développé une architecture peu consommatrice de ressources matérielles et un protocole de caractérisation des éléments optiques constituant le système pour configurer l'architecture. Ceci a été rendu possible par la conception d'un banc optique de caractérisation qui a donné lieu à une collaboration avec le laboratoire de l'IEF [1] de Paris-Sud XI.

Cette approche a pu être validée par la réalisation d'un démonstrateur à échelle macroscopique de *Cyclope*. C'est ainsi que tous les éléments constitutifs de *Cyclope* ont été mis en oeuvre pour la première fois sur une plate forme commune de développement basée sur un FPGA Xilinx VirtexII-Pro.

Le démonstrateur m'a permis de réaliser une mise en oeuvre complète de *Cyclope* et ainsi d'avoir une estimation des ressources matérielles nécessaires.

Il m'a également permis de démontrer la validité de notre approche et son efficacité sur la discrimination. De plus, j'ai pu vérifier l'influence du choix de l'objectif. Ce paramètre a été défini dans la mise en équation de la méthode au chapitre 4.1.2 mais sans être modélisé. Les résultats ne remettent pas en cause l'efficacité de la méthode mais témoignent de l'importance de modéliser cette influence afin d'affiner la méthodologie d'extraction des paramètres temporels.

La reconstruction 3D étant de type optique, il était possible que notre méthode ait une influence sur la précision du système. Les résultats montrent une influence relativement faible lors du choix du temps d'intégration pour l'acquisition du motif mais présente de très bon résultats n'influant quasiment pas sur la précision avec la distance. L'erreur moyenne étant de 1,31%.

Enfin, l'estimation de la consommation peut être faite afin d'avoir un ordre d'idée quant aux cibles possibles en vue d'une intégration monolithique.

---

1. Institut d'Électronique Fondamentale

Cette thèse a permis de développer une nouvelle méthode de discrimination du motif et de la texture directement sur le capteur d'image sans aucun traitement optique ou électronique. Cela apporte de nombreux avantages parmi lesquels il est possible de citer la grande adaptabilité à des systèmes déjà existants, la limitation des ressources matérielles et donc de la consommation ou encore l'éviction d'effets optiques indésirés tels que la diminution de la résolution spectrale. Cette approche énergétique et temporelle a donné lieu à plusieurs publications dont une revue internationale et un chapitre de livre.

La partie suivante traite des perspectives à long, moyen et court terme.

6.2 Perspectives

Bien que cette thèse apporte une forte contribution au projet *Cyclope*, il reste certains éléments à rectifier ou à ajouter. Ceci a entre autres été démontré par les tests réalisés à l'aide du démonstrateur macroscopique.

A court terme

L'extraction des paramètres temporels de l'architecture est liée à la mise en équation du phénomène qui peut être défini par les équations 6.1 et 6.2 qui ont déjà été données dans le chapitre 4.1.2.

$$V_{pix}(P_{opt}) = \alpha \cdot \phi \cdot P_{opt} \tag{6.1}$$

$$V_{pix}(T_{int}) = \beta \cdot T_{integration} + \omega(\phi(\lambda), I_{obscurité}) \tag{6.2}$$

Ces deux équations font intervenir un élément non modélisé ϕ. Ce dernier dépend des caractéristiques intrinsèques de l'objectif focalisant telles que son ouverture, son diamètre, sa distance focale ou son taux de distorsion. Il est nécessaire de réaliser la modélisation exacte de son influence. Ce modèle une fois couplé à celui de l'interaction lumière capteur permettra d'établir une méthodologie de paramètrage plus fine et plus complète.

A moyen terme

J'ai démontré dans le chapitre 5.3.2 une certaine influence du temps d'intégration sur la précision de reconstruction. D'autre part, le choix du temps d'intégration est fixé définitivement dans l'architecture. Ces deux points entraînent plusieurs conséquences :
- tout d'abord, en fixant le temps d'intégration, nous sous-entendons que le capteur fonctionne dans un milieu relativement homogène et contrôlé. Si les conditions d'utilisation changent, le capteur devra être à nouveau calibré avec un autre jeu de paramètres temporels.
- Même en supposant que le modèle de l'objectif a été pris en compte, les caractéristiques de ce dernier peuvent diverger en raison d'un contexte extérieur agressif ou de vieillissement. Il en résultera des erreurs de reconstruction avec une perte de précision ou des erreurs d'appariement.

En l'état actuel du démonstrateur ces problèmes, même s'ils sont mineurs, ne peuvent être résolus. La solution serait alors d'élaborer et de mettre en oeuvre un algorithme dynamique de définition des paramètres. Une telle option viendrait assurer la versatilité du capteur en terme de condition d'utilisation et permettrait de palier les risques de divergence du système dans le temps.

A long terme

Afin de pouvoir concevoir le système dans son ensemble, c'est dire à l'intégration monolithique, il est nécessaire de procéder à un certain nombre d'études que le temps ne m'a pas permis de réaliser :
- l'utilisation d'un projecteur unique couplé à une optique de diffraction apporte deux difficultés : la première est la non homogénéité énergétique des taches laser (voir chapitre 4.3.2) qui peut dans certaines conditions nuire à une acquisition de bonne qualité du motif ; la seconde difficulté tient dans la puissance optique que le projecteur doit fournir afin que chaque tache soit d'énergie suffisante. Il est alors intéressant de faire une étude plus approfondie sur la possibilité d'intégrer une matrice de projecteur telle que proposée dans le chapitre 5.3.3.3.
- Une autre étude d'importance doit porter sur les cibles potentielles de l'intégration. La solution d'un composant programmable de la famille IGLOO de Actel est une possibilité, mais une étude sur une intégration de type ASIC doit être réalisée afin d'en dégager les avantages et inconvénients, en particulier en terme de taille du boîtier et de consommation.

– Enfin, après les études précédemment citées, il faut optimiser le système global afin de réduire davantage la consommation énergétique.

Chapitre 7

Annexes et Publications

Sommaire

7.1	**Annexe A : La photodétection : acquisition sur silicium, principes et défauts** . .	**90**
	7.1.1 Les mécanismes de la photodétection	90
	7.1.2 La photodétection dans le cadre d'une jonction P-N : Interaction lumière-silicium . . .	92
7.2	**Annexe B : Rappel sur les pixels APS**	**97**
7.3	**Mes publications**	**99**
	7.3.1 **Publications en revues**	99
	7.3.2 **Chapitre de livre**	99
	7.3.3 Conférences internationales avec comité de lecture et actes	99
	7.3.4 Conférences nationales en sessions poster	99
	7.3.5 **Colloques nationaux avec actes**	99

7.1 Annexe A : La photodétection : acquisition sur silicium, principes et défauts

7.1.1 Les mécanismes de la photodétection

7.1.1.1 Les principes fondamentaux

L'interaction entre la lumière, c'est à dire les photons, et un semi-conducteur est régit par divers phénomènes physiques. Parmi ces derniers, la photoconduction peut être définie comme tout processus de conversion d'un flux incident de photon en une charge électrique. La photoconduction est fondée sur l'effet photoélectrique, découvert par Hertz en 1887 et expliqué par Einstein en 1905.

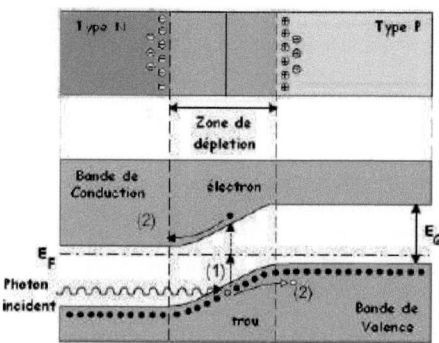

FIGURE 7.1 – Principe de migration des électrons de la bande de valence à celle de conduction lors d'un cas de photoconduction

L'absorption de lumière par la matière correspond à la capture de photons par les électrons des atomes. Ainsi, ces électrons se trouvent portés vers des niveaux excités via une transition de la bande de valence (E_v), vers la bande de conduction (E_c) (voir figure 7.1). Cette transition, bande à bande, n'est possible en toute rigueur que si l'énergie du photon est supérieure ou égale à l'écart entre la bande de valence et la bande de conduction E_g ($E_g = E_c - E_v$), appelée bande interdite ou gap du semi-conducteur. Cet effet peut se traduire par l'échauffement d'une masse de matière ou par la production d'un courant électrique, c'est ce dernier effet qui nous intéresse ici. Si l'énergie du photon hf est supérieure à E_g, une paire électron-trou est générée et l'énergie supplémentaire ($h_f - E_g$) sera dissipée dans le semi-conducteur. Ainsi, la présence des charges photogénérées libres conduit à l'accroissement de la conductivité électrique du matériau.

L'énergie du photon étant donnée par la relation suivante :

$$E = \frac{h \cdot c}{\lambda} \quad (7.1)$$

avec :
h : la constante de Planck $6,626 \cdot 10^{-34} \; J \cdot s$
c : la vitesse de la lumière $299,792,458 \; m \cdot s^{-1}$
λ : la longueur d'onde du flux incident en m

On peut donc en déduire la longueur d'onde maximale détectable (λ_c) par le semi-conducteur fixée par l'énergie de la bande interdite (E_g) :

$$\lambda_c = \frac{h \cdot c}{E_g} \quad (7.2)$$

avec :
λ_c : longueur d'onde limite d'absorption du semi-conducteur

Le silicium (Si) est un semi-conducteur très utilisé dans les photodétecteurs pour la détection des rayons visibles et proches infrarouges. D'une part, il est le matériau de base de la quasi-totalité des circuits intégrés analogiques et numériques. D'autre part, il est un détecteur optique performant pour ces longueurs d'onde, grâce à sa bande interdite E_g qui est de 1,12 eV à une température de 300 K et qui atteint 1,17 eV à 0 K. Ainsi, la longueur d'onde maximale d'absorption du silicium λ_s est :

$$\lambda_s = \frac{h \cdot c}{E_g} \approx \frac{1,24}{1,12 eV} \approx 1,1 \mu m \qquad (7.3)$$

Si la longueur d'onde λ d'un flux monochromatique incident est telle que, $\lambda > \lambda_s$, les photons de ce rayonnement traversent le corps sans perte, on parle alors de matériau transparent. Dans le cas où $\lambda < \lambda_s$, les photons sont absorbés et conduisent au processus de photodétection. Dès lors, si on désire travailler dans l'infrarouge, il faut repousser la limite λ_s et donc employer des semi-conducteurs à bande interdite plus étroite tel que le germanium. Dans le cas inverse, l'arséniure de gallium, par exemple, présente un gap plus important. On peut aussi jouer sur les quantités de dopants introduites. Dans le cas d'un semi-conducteur extrinsèque, la présence de dopants conduit à la présence de niveaux intermédiaires dans la bande interdite du semi-conducteur. La largeur de bande est alors réduite et le flux lumineux crée des paires électron-trou liées.

7.1.1.2 La photodétection : mise en équation

Comme vu dans le paragraphe précédent, l'impact d'un photon sur un semi-conducteur peut potentiellement entraîner la création d'un porteur libre. Ainsi l'intensité générée dans un semi-conducteur dans le cadre de la photoconduction est directement proportionnelle à l'intensité du flux photonique incident et donc à la quantité moyenne de porteurs libérés durant un temps Δ_t. Cependant, il est possible que pour un certain nombre de photons incident aucun porteur ne soit libéré malgré une longueur d'onde λ du flux monochromatique inférieur à λ_c. En effet, par leur nature, il existe une probabilité pour que les photons soient réfléchis, convertis en agitation thermique ou encore que les porteurs libérés se recombinent immédiatement.

Ainsi, pour un flux monochromatique incident de longueur d'onde λ et d'énergie ϕ, et si on définit le nombre moyen de photons arrivant par seconde par :

$$n_{ph} = \frac{\phi}{h \cdot c} = \frac{\lambda}{h \cdot v} \cdot \phi \qquad (7.4)$$

Le nombre de photons atteignant chaque seconde le semi-conducteur pour être absorbé et donné lieu à une libération de porteurs, est une fonction où interviennent le coefficient de transmission T_{opt} de chaque matériau que le flux traverse et le facteur de conversion η tel que :

$$n_a = \eta \cdot T_{opt} \cdot n_{ph} = \eta \cdot T_{opt} \cdot \frac{\lambda}{h \cdot v} \cdot \phi \qquad (7.5)$$

Le phénomène de création des paires électron-trou est distribué aléatoirement dans le temps et aussi dans l'espace. Ainsi, les photons atteignant le photodétecteur forment un processus de Poisson de densité n_{ph}. Il en résulte que le nombre de photoporteurs libérés suit une distribution de Poisson. De ce fait, il est possible d'assimiler le photocourant à une suite d'impulsions de Dirac $\delta(t)$ de surface q qui apparaissent aux instants du processus poissonien. Le courant photonique résultant peut alors se mettre sous la forme [98, 87] :

$$I_{ph} = \sum_j q \cdot \delta\left(t - t_j\right) \qquad (7.6)$$

En définissant $\overline{n_d}$ comme le nombre moyen de photons détectés durant un intervalle de temps $\Delta(t)$, alors il est possible d'exprimer la probabilité $P(n_d, \Delta(t))$ de détecter n_d photons pendant ce même temps tel que :

$$P(n_d, \Delta(t)) = \overline{n_d} \cdot \Delta(t) \frac{n_d \cdot exp\left(-\overline{n_d} \cdot \Delta(t)\right)}{n_d!} \qquad (7.7)$$

Le courant photonique résultant, pour une lumière incidente de puissance optique P_{opt}, est alors obtenu à partir du taux de photons détectés pendant le temps d'intégration $\Delta(t)$, soit :

$$I_{ph} = q \cdot frac{n_d}{\Delta(t)} = q \cdot \eta \cdot \frac{P_{opt}}{h \cdot v} = q \cdot \lambda \frac{\phi}{h \cdot c} \qquad (7.8)$$

il en résulte un courant photonique moyen $\overline{I_{ph}}$ tel que :

$$\overline{I_{ph}} = I_{ph} = q \cdot \frac{\overline{n_d}}{\Delta(t)} \qquad (7.9)$$

La propriété intéressante est que pour une telle distribution la variance est égale à la moyenne. On peut alors la définir par :

$$\sigma_{n_d}^2 = \overline{n_d - \overline{n_d}^2} = \overline{n_d} \qquad (7.10)$$

On peut exprimer la valeur quadratique moyenne $\overline{I_{n/ph}^2}$ qui représente le niveau de bruit dû à ce processus :

$$\overline{I_{nph}^2} = \overline{I_{ph} - \overline{I_{ph}}}^2 = q^2 \cdot \frac{\overline{n_d - \overline{n_d}}^2}{\Delta(t)^2} = q \cdot \frac{I_{ph}}{\Delta(t)} \qquad (7.11)$$

Maintenant, en supposant que la durée maximale de l'impulsion est très inférieure au temps d'intégration $\Delta(t)$, lui-même proportionnel à la bande passante électrique du dispositif Δf :

$$\overline{I_{nph}^2} = 2 \cdot q \cdot I_{ph} \cdot \Delta f \qquad (7.12)$$

Ceci constitue la limite fondamentale de la photodétection, ce que l'on qualifie de bruit quantique ou bruit photonique.

7.1.2 La photodétection dans la cadre d'une jonction P-N : Interaction lumière-silicium

La photodétection est un phénomène complexe dépendant d'un grand nombre de facteurs mais tout étant fonction de la géométrie et de la physique de la structure employée. Dans cette partie je définis les principaux paramètres intervenant dans le processus de la photodétection en me limitant à l'étude dans le cadre d'une jonction P-N et plus particulièrement dans le cas de la photodiode.

7.1.2.1 Composantes du photocourant

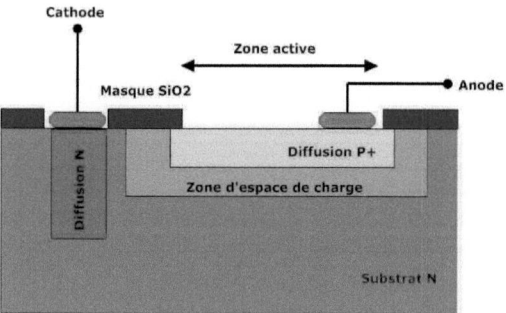

FIGURE 7.2 – Coupe transversale d'une jonction diffusion P^+ et d'un caisson N

La photodiode est une simple jonction P-N qui, quelque soit sa polarisation, est composée de trois zones (figure 7.2) :
– deux zones quasi-neutres ;
– une zone d'espace de charge.
Lors de la création de photoporteurs, chaque paire électron-trou ainsi créée se traduit par la circulation d'un excédant de charges élémentaires dans le circuit. Cependant, la forte concentration de porteurs majoritaires entraîne que seule l'augmentation du courant due aux porteurs minoritaires est vraiment observable.
Dans une photodiode à jonction P-N, le photocourant est la somme de deux composantes :

– le courant de transit, ou courant de *drift*, qui correspond à la création de photoporteurs à l'intérieur de la zone d'espace de charge. De plus, la meilleure efficacité quantique sera obtenue si la majorité de photoporteurs est générée dans la zone de déplétion, les recombinaisons y étant minimes.
– Le courant de diffusion qui est issue de la diffusion des porteurs minoritaires dans les zones neutres jusqu'à la limite de la zone d'espace de charge, s'il n'y a pas eu recombinaison.

Ainsi on peut écrire le photocourant comme :

$$I_{ph} = I_{ph}^{drift} + I_{ph}^{diffusion} \tag{7.13}$$

7.1.2.2 Coefficient d'absorption dans le matériau

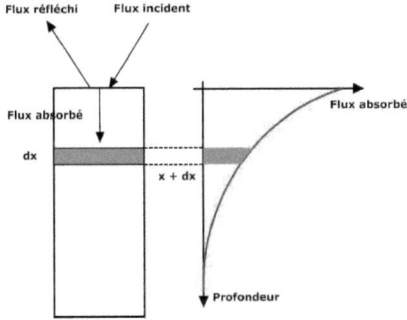

FIGURE 7.3 – Absorption d'un flux lumineux dans un semi-conducteur.

Le coefficient d'absorption α représente la fraction du flux lumineux incident ϕ effectivement absorbé par le matériau à une profondeur donnée x (voir figure 7.3). Il est exprimé en cm^{-1} Soit :

$$\alpha = \frac{\phi_{absorbé}}{\phi_{incident}} \tag{7.14}$$

Ainsi, à une profondeur x pour une longueur dx, on exprime le coefficient d'absorption comme :

$$\alpha(E, x) = -\frac{1}{dx} \frac{d\phi_t(E, x)}{\phi_t(E, x)} \tag{7.15}$$

avec E : l'énergie du flux incident en eV

Considérons maintenant un barreau de silicium soumis à un rayonnement monochromatique de longueur d'onde λ_0 et de ϕ_0 photons par seconde et par mètre carré. En même temps que le flux transmis ϕ_t se propage dans le volume ($\phi_0 = \phi_t + \phi_r$), une partie de ce flux est absorbée. En supposant le matériau homogène, le coefficient d'absorption est identique en tout point du volume : $\alpha(E, x) = \alpha(E)$, le flux absorbé ϕ_{abs} à une profondeur x sur une longueur dx s'écrit :

$$\phi_{abs}(E, x, dx) = \alpha(E) \cdot \phi_t(E, x) \cdot dx \tag{7.16}$$

Le flux lumineux s'atténuant par absorption en suivant une loi exponentielle, on obtient :

$$\phi(E, x + dx) = \phi_t(E, x) - \phi_{abs}(E, x + dx) = \phi_t(E, x)(1 - \alpha(E)dx) \tag{7.17}$$

Ce qui nous permet, après résolution de l'équation 7.17, de retrouver la loi *Beer-Lambert* :

$$\phi(E, x) = \phi_t(E) \exp(\alpha(E) x) \tag{7.18}$$

Ainsi, on peut remarquer que pour une profondeur $x = 2/\alpha$, seulement 13% du flux transmis ϕ_t se propage dans la structure cristalline. On parle alors de profondeur de pénétration.

7.1.2.3 Taux de génération photonique

On définit le taux de génération photonique comme suit : en considérant un flux monochromatique incident à un barreau de silicium intrinsèque tel que $\lambda < \lambda_s$, la fraction transmise $\phi_t = (1-R) \cdot \phi$ va impliquer la génération de paires électron-trou. Dans le cas idéal, le nombre de paires crée est égal au nombre de photons absorbés. Il est alors possible de définir le taux de génération photonique G_{ph} comme le taux d'extinction des photons dans le silicium et s'exprime comme suit :

$$G_{ph}(E,x) = -\frac{d\phi_t(E,x)}{dx} \tag{7.19}$$

Soit à partir de l'équation 7.19 l'expression de G_{ph} en fonction de la longueur d'onde :

$$G_{ph}(\lambda,x) = \phi_t(\lambda,x) \cdot \alpha(\lambda) \, exp(-\alpha(\lambda) \cdot x) = \phi(1-R(\lambda)) \cdot \alpha(\lambda) \, exp(-\alpha(\lambda) \cdot x) \tag{7.20}$$

Or, d'après l'équation 7.20, le taux de génération des photoporteurs est non seulement dépendant de la profondeur du barreau de silicium (épaisseur du *wafer*), mais également de la longueur d'onde du flux incident. De plus, ces deux paramètres peuvent changer d'une technologie à l'autre. Ainsi, en considérant la profondeur de pénétration et le coefficient d'absorption comme deux facteurs indépendants l'un de l'autre, on peut en déduire l'évolution du taux de génération :

$$\frac{dG_{ph}}{d\lambda} = \frac{dG_{ph}}{d\alpha}\frac{d\alpha}{d\lambda} = (1-\alpha \cdot x)\phi_t exp(-\alpha \cdot x)\frac{d\alpha}{d\lambda} \tag{7.21}$$

$$\frac{dG_{ph}}{dx} = -\alpha^2 \cdot \phi_t exp(-\alpha \cdot x) \tag{7.22}$$

A partir de équation 7.21 et 7.22, que le taux de génération présente un maximum qui a tendance à se déplacer vers les flux à faible énergie au fur et à mesure que l'épaisseur du barreau de silicium augmente.

7.1.2.4 Efficacité quantique

L'efficacité quantique η est la capacité de transformer un flux lumineux incident à une charge électrique. Dans le cas d'une photodiode, on peut le définir comme : $\eta = \frac{Nb_{électron}}{Nb_{photon}}$ Soit :

$$\eta = \frac{I_{ph}}{P_{opt}} \cdot \frac{h \cdot v}{q} = \frac{I_{ph}}{\phi \cdot A_{ph}} \cdot \frac{h \cdot v}{q} \tag{7.23}$$

avec :
P_{opt} : la puissance optique du flux monochromatique ϕ en $W \cdot cm^{-2}$
A_{ph} : la surface photosensible

De plus, il est à noter que l'équation 7.23 représente l'efficacité quantique intrinsèque du capteur sans prendre en compte sa géométrie. Ainsi le rendement effectif du pixel prend en compte le facteur de remplissage FF tel que :

$$\eta_{pix} = FF \cdot \eta \tag{7.24}$$

Un autre point important est la sensibilité du rendement quantique à la température. En effet, la hausse de la température du semi-conducteur entraîne l'augmentation de l'excitation des paires électron-trou et donc des courants de fuite.

7.1.2.5 Réponse spectrale et sensibilité

On peut définir la réponse spectrale d'un capteur comme sa sensibilité à une longueur d'onde pour une intensité du flux monochromatique incident donnée. Ainsi, on exprime cette mesure comme le rapport du photocourant I_{ph} par la puissance optique incidente P_{opt}.

$$S(\lambda) = \frac{I_{ph}(\lambda)}{P_{opt}(\lambda)} = \frac{I_{ph}(\lambda)}{A \cdot E(\lambda)\phi(\lambda)} \tag{7.25}$$

avec : $E(\lambda)$: l'énergie en Joule

Dans un cas idéal, le photocourant I_{ph} évolue de façon linéaire en fonction de la puissance optique P_{opt}. Mais la sensibilité étant fonction de la longueur d'onde, la réponse spectrale ressemble, dans le cas d'une jonction P-N, à une cloche centrée sur une longueur d'onde (voir figure 7.4) dont le maximum est fonction de la profondeur de la fonction.

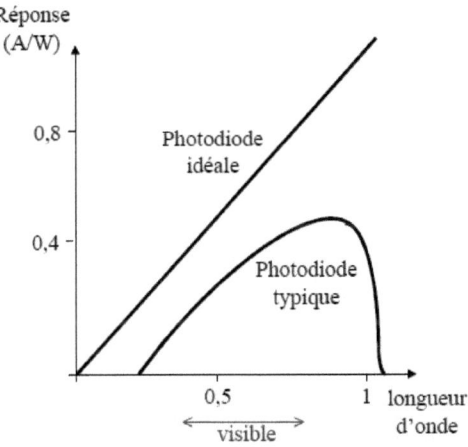

FIGURE 7.4 – Réponse spectrale d'une jonction P-N

On peut également définir la réponse spectrale comme l'expression du rendement quantique en fonction de la longueur.

7.1.2.6 Courant d'obscurité

Même en absence de flux lumineux, il existe un courant de fuite qui traverse la photodiode. Ce courant d'obscurité est exprimé soit en nombre de charges par seconde, soit en intensité par unité de surface. Il s'agit d'un facteur important dans le sens où il est représentatif de la qualité de fabrication du capteur. Par sa nature, il est limitatif d'un certain nombre de paramètres tels que le temps d'intégration ou le niveau minimum détectable, ce qui le rend tout particulièrement critique dans les applications faible flux.

Le courant d'obscurité I_{obt} est issu de la génération thermique des paires électron-trou supplémentaires. Ainsi, selon la littérature, on sait que sa valeur double tous les $5°C$ à $10°C$ en fonction du régime de fonctionnement de la structure. Il est d'ailleurs possible d'exprimer cette évolution :

$$I_{obt} \propto T^{1,5} exp\left(q \cdot \frac{V_g}{2kT}\right) \quad (7.26)$$

avec V_g la largeur du gap en Volt.

En réalité, ce courant parasite est la résultante de quatre phénomènes qui sont autant de composantes. Ainsi, le courant d'obscurité s'exprime comme suit :

$$I_{obt} = M\left(I_{diff} + I_{SRH} + I_{BBT} + I_{TAT}\right) \quad (7.27)$$

Le tableau 7.1 récapitule ces quatre composantes.

7.1.2.6.1 Courant de diffusion dans les zones de quasi-neutralités

Une partie des courants de fuite d'une jonction PN provient du mécanisme de diffusion des charges présentes dans les zones de quasi-neutralité de la jonction. Selon [96], cette composante peut s'exprimer comme suit :

$$I_{diff} = q \cdot \sqrt{\frac{D_n}{\tau_n}} \frac{n_i^2}{N_a} \quad (7.28)$$

Mécanismes de génération des porteurs minoritaires	Composantes du courant d'obscurité
Diffusion	I_{diff}
Génération-recombinaison thermique	I_{SRH}
Effet Tunnel bande à bande	I_{BBT}
Effet Tunnel bande à bande indirect assisté par piège	I_{TAT}
Ionisation par impact (effet d'avalanche)	Facteur multiplicatif M

TABLE 7.1 – Mécanisme intervenant dans la génération du courant d'obscurité dans le cas d'une photodiode sur silicium

avec :
D_n : le coefficient de diffusion des porteurs
τ_n : le temps de vie des porteurs
N_a : le taux de dopage de la région la moins dopée
n_i : la densité intrinsèque de porteur
D'après l'équation 7.28, on peut constater que le courant de diffusion dépend principalement des niveaux de dopage et il est indépendant de la polarisation.

7.1.2.6.2 Génération par recombinaison thermique des porteurs
La zone de désertion de la jonction est également le lieu de génération thermique de porteurs. Cette contribution au courant d'obscurité peut s'exprimer selon la loi de la recombinaison de Shockley-Read-Hall :

$$I_{SRH} = q \cdot \frac{n_i}{\tau_{generation}} \cdot W \tag{7.29}$$

avec :
$\tau_{génération}$: le coefficient de génération
W : la largeur de la zone d'espace de charge telle que :

$$W = \sqrt{\frac{2\epsilon_s}{q} \cdot \left(\frac{N_A + N_N}{N_A \cdot N_D}\right) \cdot (V_{bi} - V)} \tag{7.30}$$

avec :
ϵ_s : la constante diélectrique du silicium ($10^{-12} Fm^{-1}$)
N_A, N_D : respectivement les niveaux de dopages des régions N et P
V_{bi}, V : respectivement la hauteur de barrière de la jonction en absence de polarisation et la tension de polarisation appliquée
Il est à souligner que selon les équations 7.29 et 7.30, on constate une certaine dépendance du courant de génération thermique à la tension de polarisation de la jonction P-N.

7.1.2.6.3 Effet tunnel bande à bande
Lorsque la jonction est fortement dopée et polarisée selon une tension élevée, une zone de charge d'espace se développe au niveau de la jonction, et des paires électron-trou sont créées. A partir de là, une distinction peut être établie entre la nature de l'effet tunnel observé :
– effet tunnel bande à bande direct ;
– effet bande à bande indirect assisté par piège.
Dans le premier cas, le mécanisme dépend principalement de l'intensité du champ électrique. Selon la littérature [45], on peut exprimer sa contribution comme suit :

$$I_{BBT} = c_{BBT} \cdot V_j \left(\frac{F_m}{F_0}\right)^{3/2} exp\left(-\frac{F_m}{F_0}\right) \tag{7.31}$$

avec :

c_{BBT} : constante

F_m, F_0 : respectivement la valeur du champ électrique maximale et une constante telle que dans le du silicium
$F_0 \approx E_g^{3/2} = 1,9 \cdot 10^7 V \cdot cm^{-1}$

V_j : tension de polarisation inverse de la jonction

Dans le second cas, l'émission des électrons de la bande de valence vers la bande de conduction est indirecte, assistée par les pièges dont l'énergie se situe dans le gap du silicium. Selon [45], la modélisation de ce mécanisme s'exprime comme suivant :

$$I_{TAT} = -q \cdot \sqrt{3\pi} c_{SRH} \cdot W \frac{F_r}{|F_m|} \left[exp\left(\frac{F_m}{F_r}\right)^2 - exp\left(\frac{F_m \cdot W_0}{F_r \cdot W}\right) \right] \quad (7.32)$$

avec :
W_0 : la largeur de la ZCE[1] en absence de polarisation
et F_r tel que :

$$F_r = \frac{\sqrt{24m \cdot (kT)^2}}{q \cdot h} \quad (7.33)$$

7.1.2.6.4 Ionisation par impact

Dans le cas où le champ dans le ZCE atteint plusieurs $MV \cdot m^{-1}$, les électrons de la zone dopée P se trouvent très fortement accélérés. Lorsque ces électrons entrent en collision avec les atomes de la région dopée N, il y a génération de paires électron-trou par ionisation par impact. Ces dernières se trouvent alors immédiatement séparées par le champ électrique tel que les électrons sont attirés vers la région N alors que les trous sont repoussés vers la région P.

7.1.2.7 Bruit et non uniformité

Nous appelons bruit tout signal non utile venant se superposer au signal utile, et ce qu'il soit aléatoire ou déterministe. Dans un imageur, le bruit est un paramètre très important de qualité dans le sens où le niveau de bruit peut devenir critique pour la restitution de l'image. Le bruit dans un capteur de vision est scindé en deux familles : le bruit temporel et le bruit spatial. Alors que le premier est de nature aléatoire et correspond à une non uniformité de réponse pour une même image sous éclairement identique, le second est un bruit déterministe qui entraîne une non uniformité de réponse inter-pixel.

7.1.2.7.1 Bruit spatial ou Fixed Pattern Noise

Le bruit spatial fixe est directement lié à la technologie employée pour la conception du circuit. Il provient des dispersions du processus rencontrées lors de la fabrications du circuit. Ainsi, des éléments identiques tels que les pixels ont finalement des caractéristiques électriques sensiblement différentes. Le bruit spatial est particulièrement présent dans les transistors suiveurs ainsi que dans les amplificateurs de colonne et, même s'il n'est pas prévisible, il reste déterministe et récurant dans le temps. Il existe donc des techniques de correction telles que le double échantillonnage corrélé. De plus, la manière dont la matrice est lue détermine l'organisation du bruit. Ainsi dans le cas d'une lecture se faisant par colonne, la matrice présentera un bruit fixe spatial de colonne. On distingue deux types de bruit **FPN** :

Dark Fixed Pattern Noise ou DFPN qui est obtenu dans l'obscurité.

Light Fixed Pattern Noise ou LFPN qui est obtenu sous illumination et que l'on nomme également **PRNU** pour **Photo Response Non Uniformity**.

7.1.2.7.2 Bruit temporel

Ce bruit est la résultante principalement de trois types de bruit : le bruit de grenaille, le bruit thermique et enfin le bruit en $1/f$, qui est négligeable face aux deux autres bruits. Plusieurs études ont été réalisées sur les sources possibles de bruit dans un APS et leur détermination analytique. L'étude ici présente se base sur la littérature existante et plus particulièrement sur les travaux de S. Feruglio [32].

---

1. zone d'espace de charge

Le bruit de grenaille (shot noise) est déterminé par la variation de porteurs sous l'action d'un champ électrique. La distribution de cette variation suit une loi de Poisson. Ce bruit dépend donc directement du courant sur lequel il vient se superposer.
L'équation 7.34 définit l'expression de sa densité spectrale :

$$X^2(f) = 2 \cdot q \cdot I_{moy} \qquad (7.34)$$

avec :
$X^2(f)$: densité spectrale (A^2/Hz)
q : charge élémentaire $(1.6e^{-19}C)$

Le bruit en $1/f$ (flicker noise) est lié aux défauts du semi-conducteur (taux de recombinaison variant) et dépend donc des paramètres technologiques. En considérant un transistor de dimension W et L, sa densité spectrale est définie par l'équation 7.35 :

$$X^2(f) = \frac{K}{K \cdot L \cdot C_{ox} \cdot f} \qquad (7.35)$$

avec :
$X^2(f)$: densité spectrale (V^2/Hz)
K : coefficient empirique lié à la technologie
C_{ox} : capacité de l'oxyde mince
f : fréquence

Le bruit thermique vient de l'agitation thermique des électrons dans un matériau, qui génère une tension observable, même en l'absence de champ électrique. Il est lié au potentiel thermique Ut donné par la technologie (KT/C) et est présent dans les résistances. On peut alors le définir comme suivant :

$$V^2(f) = 4 \cdot K \cdot T \cdot R \qquad (7.36)$$

$$I^2(f) = \frac{4 \cdot K \cdot T}{R} \qquad (7.37)$$

avec :
K : la constant de Boltzmann $(1,38e^{-23}$ J/K$)$
T : température (Kelvin)
R : la résistance
Dans une structure de type RC, la capacité ne génère pas de bruit, mais peut stocker le bruit thermique généré par la résistance. En considérant un système du premier ordre, le bruit de la résistance est un bruit blanc et peut donc être défini comme tel :

$$V^2(f) = \frac{K \cdot T}{C} \qquad (7.38)$$

Le bruit de reset a pour origine deux phénomènes : premièrement, l'utilisation d'un transistor de reset de type N entraîne un offset négatif qui apparaît lors de la commutation par injection de charges provenant du canal de ce transistor. Deuxièmement, lorsque le transistor est fermé, le réseau RC (transistor et photodiode) engendre un bruit de type $\frac{KT}{C}$. De ces deux phénomènes, il en résulte une variation de la tension de référence sur chaque pixel de la matrice au moment de l'initialisation.

7.2 Annexe B : Rappel sur les pixels APS

Par une simplification extrême, un pixel peut être modélisé comme un circuit composé avant tout d'une photodiode. Ce circuit comporte un interrupteur T_{init} qui a pour but de polariser et de fixer la tension inverse aux bornes de la diode. Lorsque l'interrupteur est ouvert, la capacité C_d de la diode tend à se décharger sous l'action du courant photonique. La diode étant flottante et en considérant le sens du courant photonique, nous observons une décroissance de la tension V_d aux bornes de celle-ci. Cette phase de décroissance correspond à l'exposition du capteur au flux lumineux, également appelée phase d'intégration. En pratique, on procède à un échantillonnage de la tension en début et en fin d'intégration. La valeur utile est alors la différence des ces deux échantillons.

Il est possible d'exprimer la tension aux bornes de la photodiode en fonction de sa capacité équivalente, du courant photonique et du temps d'intégration :

$$V_d(t) = V_{ref} - \frac{1}{C_d} \cdot \int_t^0 I_{ph}(u) \cdot d(u) \qquad (7.39)$$

Ainsi, en supposant le flux photonique constant, il est possible d'exprimer la variation de la tension comme suivant :

$$\Delta V_d = V_{ref} - V_d(\tau_{int}) = \frac{I_{ph} \cdot \tau_{int}}{C_d} \qquad (7.40)$$

Ceci met en évidence que la variation ΔV_d est proportionnelle au courant photonique et au temps d'intégration, mais est totalement indépendante de la surface de la jonction. Cependant, cette équation n'est vraie qu'en faisant l'hypothèse que la capacité C_d est constante. Malheureusement en pratique, trois points sont observables :
- la capacité C_d varie en fonction de la tension à ses bornes ;
- la capacité C_d n'est pas tout à fait proportionnelle à sa surface et pour de petite taille, les capacités périmétriques ne sont plus négligeables ;
- les courants thermiques et de recombinaisons n'ont pas été pris en compte.

L'intégration d'un pixel dans un mode intégration associé à trois transistors :
- un transistor M_{rst} assurant l'initialisation et la polarisation inverse de la photodiode ;
- un transistor M_{suiv} en mode suiveur permettant l'amplification du signal tout en assurant une sortie à basse impédance sur le bus commun à tous les pixels de la colonne ;
- un transistor M_{sel} permettant la sélection du pixel de la ligne n de la matrice.

En plus de ces trois transistors, un transistor M_{pol} au bout de chaque colonne assure la polarisation de M_{suiv} et M_{suiv}.

Ce genre de pixel offre l'avantage de limiter l'électronique de commande et avec une technologie suffisamment fine, d'avoir un bon facteur de remplissage. Cependant, ce format d'intégration n'est pas parfait et en particulier le fait que même si tous les pixels de la matrice sont initialisés au même instant, ils ne pourront être lus en même temps. Ainsi prenons le cas d'une matrice de M lignes et N colonnes, notons τ le temps de lecture d'un pixel, τ_{int} le temps d'intégration. Alors le temps effectif d'intégration τ réel du pixel situé aux coordonnées (i,j) s'exprime comme suit :

$$\tau_{réel} = \tau_{int} + \tau \cdot N \cdot (M-1) \qquad (7.41)$$

Ainsi, alors que le premier pixel voit bien son temps d'intégration d'origine, le dernier en revanche, se trouve sur-exposé. Il en résulte une image présentant un fort gradient de luminosité (voir figure 7.5), ce qui peut être critique pour l'exploitation des résultats.

Pour remédier à cela, il est possible de rajouter un transistor M_{sh} entre la photodiode et la base du transistor suiveur qui fonctionnera alors en interrupteur et isolant le pixel de sa zone mémoire. L'ajout de ce transistor fait alors apparaitre une diode parasite constituée principalement de la jonction PN formée par le drain de M_{sh}. Il se forme alors une capacité parasite de diffusion C_{det}. Grâce à ce transistor, une fois la phase d'intégration terminée, la valeur de la tension sur la grille du transistor suiveur est mémorisée. Il est alors possible de lire toute la matrice sans dégrader la restitution de l'image.

Outre le fait de permettre une intégration uniforme sur toute la matrice, ce type d'intégration autorise des techniques telles que le double échantillonnage corrélé afin de supprimer le bruit d'initialisation ainsi que l'offset propre à chaque pixel. La dynamique du système est alors accrue.

Après une phase de reset, le transistor M_{sh} reste passant, c'est la phase d'intégration. Lorsque celle-ci est terminée, M_{sh} est fermé simultanément sur toute la matrice ce qui mémorise la valeur du signal en provenance de la photodiode dans la capacité de source C_{det}. Il est alors possible de lire la matrice dans son intégralité sans apparition de gradient de luminosité dans l'image et ce, quelque soit le temps de lecture nécessaire.

 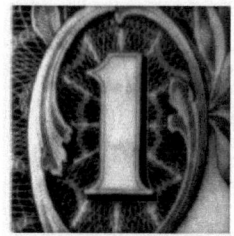

(a) Pixel sans shutter (b) Pixel avec shutter

FIGURE 7.5 – Comparaison d'images obtenues avec le temps de lecture $3x$ supérieur au temps d'intégration [11]

7.3 Mes publications

7.3.1 Publications en revues

- *A multi shutter time sensor for multi-spectral imaging in a 3D Reconstruction integrated sensor* A. Kolar, O. Romain, T. Graba, A. Pinna, T. Ea, E. Belhaire, S. Viateur and B. Granado
  IEEE Sensor Journal, Avril 2009, Vol 9, Issue 4, 478-484
- *A system for an accurate 3D reconstruction in Video Endoscopy Capsule* A. Kolar, O. Romain, T. Graba, D. Faura, J. Ayoub, S. Viateur and B. Granado
  EURASIP Journal on Embedded Systems , 2009, En cour d'édition

7.3.2 Chapitre de livre

- *The integrated active stereoscopic vision : Theory, Integration and Application*
  Anthony Kolar ; Jad Ayoub ; Tarik Graba ; Thomas Ea ; Andrea Pinna ; Olivier Romain and Bertrand Granado
  Stereo Vision, Editer par : Dr. Asim Bhatti,
  ISBN 978-953-7619-22-0, pp. 372, Novembre 2008, I-Tech, Vienne, Autriche

7.3.3 Conférences internationales avec comité de lecture et actes

- *A 3D reconstruction digital processing architecture for embedded system*
  A. Kolar, T. Graba, A. Pinna, O. Romain, and B. Granado
  13th IEEE ICECS, Décembre 2006, Nice, France
- *A Digital Processing Architecture For 3D Reconstruction*
  A. Kolar, T. Graba, A. Pinna, O. Romain, T. EA and B. Granado
  CAMPS06, Septembre 2006, Montréal, Québec, Canada
- *A multi shutter time sensor for multispectral imaging in a 3D Reconstruction embedded sensor*
  A. Kolar, T. Graba, A. Pinna, O. Romain, E. Belhaire and B. Granado
  DCIS07, Novembre 2007, Sevilla, Spain
- *Smart Bi-Spectral Image Sensor for 3D Vision*
  A. Kolar, T. Graba, A. Pinna, O. Romain, E. Belhaire and B. Granado
  IEEE SENSORS 2007, Octobre 2007, Atlanta, Georgia, USA

7.3.4 Conférences nationales en sessions poster

- *Cyclope : Une méthode de discrimination spectrale innovante dans le cadre d'un capteur de vision 3D intégré temps réel sans fil*
  A. Kolar, O. Romain, and B. Granado
  GRETSI 2009, Septembre 2009, Dijon, France

7.3.5 Colloques nationaux avec actes

- *Cyclope a Smart Bi-Spectral Image Sensor for 3D Vision*
  A. Kolar, O. Romain, T. Graba, A. Pinna, T. EA, E. Belhaire, S. Viateur and B. Granado
  Colloque National GDR Soc-SiP 2007, June 4-5-6, 2008, Paris, France

Bibliographie

[1] Akdere, Centintemel, Crispell, Jannotti, Mao, and Taubin. Data-centric visual sensor networks for 3d sensing. *Proc. 2nd Intl. Conf. on Geosensor Networks*, 2006.
[2] I. Akyidiz, W. Su, Y. Sankarasubramaniam, and E. Cayirci. Wireless sensor neworks : a survey. *Computer Networks*, 38 :393–422, 2002.
[3] P. Arguel. *Approches de l'intégration photonique dans les microsystèmes*. PhD thesis, Laboratoire d'Analyse et d'Architecture des Systèmes du CNRS, 2005.
[4] O. Aubreton, B. Bellach, L. F. C. L. Y. Voon, B. Lamalle, P. Gorria, and G. Cathébras. Retina for pattern matching in standard 0.6-um complementary metal oxide semiconductor technology. *Journal of Electronic Imaging*, 13 :559, 2004.
[5] A. G. Bakouboula. *Conception et caratérisation de filtre optique et de VCSELs accordable à base de micro système sur substrat InP pour les réseaux optique multiplexés en longueur d'onde*. PhD thesis, Institut national des sciences appliquées de Lyon, 2004.
[6] J. Battle, E. Mouaddib, and J. Salvi. Recent progress in codded structurred light as a technique to solve the correspondance problem : a survey. *Pattern Recognition*, 31(7) :963–982, 1998.
[7] B. Bayer. Color imaging array. *US Patent*, 1975.
[8] P. Belhumeur. A binocular stereo algorithm for reconstructing sloping, creased, and broken surfaces in the presence of half-occlusion. In *Fourth International Conference on Computer Vision*, 1993.
[9] S. Boverie, M. Devy, and F. Lerasle. Comparison of structured light and stereo vision sensors for new airbag generations. *Control Engineering Practice*, 11 :1413–1421, 2003.
[10] B. Buttgen, T. Oggier, M. Lehmann, R. Kaufmann, and F. Lustenberger. Ccd/cmos lock-in pixel for range imaging : Challenges, limitations and state-of-the-art. *1st range imaging research day*, pages 21–32, 2005.
[11] C. Cavadore. PhD thesis, SupAero, 1998.
[12] C. Cavadore, J. Solhusvik, P. Magnan, A. Gautrand, Y. Degerli, F. Lavernhe, and J. Farre. Design and characterization of cmos apsimagers on two different technologies. *Journal of Optics A : Pure and Applied Optics*, 3301 :140–150, 1996.
[13] H. Chen and al. A 2 ghz 0.35 um cmos/vcsel optoelectronic multiple chip modules. *Joint Symposium on Opto and Microelectronic Devices and Circuits*, March 2002.
[14] M. Chen and M. L. Fowler. Data compression trade-offs in sensor networks. *Proceedings of SPIE*, 5561 :96 – 107, 2004.
[15] S. Chen and Y. Li. A 3d vision system using unique color encoding. In *Internanional conference on robotics, intelligent systems and signal processing*, 2003.
[16] K. Choquette and H. Hou. Vertical-cavity surface emitting lasers : moving from research to manufacturing. *Proceedings of the IEEE*, 85 :1730–1739, 1997.
[17] S. Cochran and G. Medioni. 3d surface description from binocular stereoscopique. *IEEE Transactions on Pattern Analysis and Machine Intelligence*, 14 :981–994, 1992.
[18] E. Cortizo, A. M. Yeras, J. Lepore, and M. Garavaglia. Application of structured illumination methode to study the topograpy of the sole of the foot during a walk. *Optics and Laser in Engineering*, 40 :117–132, 2003.
[19] R. P. David Starikov, Chris Boney and A. Bensaoula. Dual-band uv/ir optical sensors for fire and flame detection and target recognition. *Senson for Industry Conference*, 2004.
[20] R. Deriche. Fast algorithms for low-level vision. *IEEE Transactions on Pattern Analysis and Machine Intelligence*, 12 :78–87, 1990.
[21] V. Design. Stereo on chip. Technical report, 2006.
[22] DGA. Les micro-drones sortent de leur chrysalide. Technical report, La Délégation Générale pour l'Armement, http ://www.defense.gouv.fr/dga/layout/set/popup/content/view/full/24220, 2008.
[23] DGA. Présentation du microdrone libellule bio inspiré. Technical report, La Délégation Générale pour l'Armement, http ://www.defense.gouv.fr/dga/layout/set/popup/content/view/full/31672, 2008.
[24] DGA. Recherche sur les micro-drones et les drones miniatures. Technical report, La Délégation Générale pour l'Armement, 2008.
[25] U. Dhond and J. Aggarwal. Structure from stereo-a review. *IEEE Transactions on Systems, Man and Cybernetics*, 19 :1489 – 1510, 1989.
[26] O. Elkhalili, O. Schrey, P. Mengel, M. Petermann, W. Brockherde, and B. Hosticka. A 4 x 64 pixel cmos image sensor for 3d measurement applications. *IEEE jornal of solid state circuits*, 39 :1208–1212, 2004.

[27] ESA. Rosetta factsheet. Technical report, European Space Agency, 2004.
[28] C. H. Esteban and F. Schmitt. Silhouette and stereo fusion for 3d object modeling. In *4th International Conference on 3D Digital Imaging and Modeling*, 2003.
[29] L. FAN, M. WU, H. LEE, and P. GRODZINSKI. 10.1 nm range continuous wavelength-tunable vertical-cavity surface-emitting lasers. *Electronics Letters*, 30 :1409–1410, 1994.
[30] O. Faugeras. *Three-Dimensional Computer Vision, a Geometric Viewpoint*. MIT Press, 1993.
[31] D. Faura, T. Graba, S. Viateur, O. Romain, B. Granado, and P. Garda. Seuillage dynamique temps réel dans un système embarqué. *GRETSI'07*, 2007.
[32] S. Feruglio. *Etude du bruit dans les capteurs d'images intégrés, type APS*. PhD thesis, UNIVERSITE PARIS VI - P. et M. CURIE, 2005.
[33] K. M. Findlater, D. Renshaw, J. E. D. Hurwitz, R. K. Henderson, M. D. Purcell, S. G. Smith, and T. E. R. Bailey. A cmos image sensor with a double-junction active pixel. *IEEE TRANSACTIONS ON ELECTRON DEVICES,*, 50, 2003.
[34] A. E. Gamal. Trends in cmos image sensor technology and design. *Electron Devices Meeting*, pages 805–808, 2002.
[35] M. Gay and al. La vidéo capsule endoscopique : qu'en attendre? *CISMEF, http ://www.chu-rouen.fr/ssf/equip/capsulesvideoendoscopiques.html.*
[36] G. Godin, M. Rioux, J.-A. Beraldin, M. Levoy, L. Cournoyer, and F. Blais. An assessment of laser range measurement on marble surfaces. *5th Conf. on Optical 3D Measurement Techniques*, pages 49–56, 2001.
[37] S. Gokturk, H. Yalcin, and C. Bamji. A time-of-flight depth sensor - system description, issues and solutions. In *Conference on Computer Vision and Pattern Recognition Workshop*, 2004.
[38] Gonzo, Simoni, Gottardi, Stoppa, and Beraldin. Integrated optical sensor for 3d-tof vision systems. *Progetto Finalizzato MADESS II*, 2001.
[39] J. Goodman. *Statistical Optics*. John Wiley & Sons, 2000.
[40] T. Graba. *Etude d'une architecture de traitement pour un capteur intégré de vision 3D*. PhD thesis, Université Pierre et Marie Curie, 2006.
[41] P. Gros, G. Mclean, R. Delon, R. Mohr, C. Schmid, and G. Mistler. Utilisation de la couleur pour l'appariement et l'indexation d'images. Technical report, INRIA, 1997.
[42] C. Guan, L. Hassebrook, and D. Lau. Composite structured light pattern for three-dimentionnal video. *Optic express*, 11 :406–417, 2003.
[43] R. Horaud and O. Monga. *Vision par ordinateur*. Edition Hermès, 1995.
[44] R. G. Hunt. *The reproduction of color*. Fountain Press,, 1995.
[45] G. A. M. Hurkx, H. C. de Graaff, W. J. Kloosterman, and M. P. G. Knuvers. A new analytical diode model including tunnelling and avalanche breakdown. *IEEE Transactions on Electron Devices*, 39 :2090, 1992.
[46] L. S. Hwa, P. S. Yoon, C. N. Ik, K. Yasuaki, and P. Jong. Occlusion detection and stereo matching in a stochastic method. In *International Conference on Image Processing*, 2003.
[47] K. Hyun and L. Gerhardt. The use of laser structured light for 3d surface measurement and inspection. In *Proceedings of the Fourth International Conference on Computer Integrated Manufacturing and Automation Technology*, 1994.
[48] G. Iddan, G. Meron, A. Glukhovsky, and P. Swain. Wireless capsuleendoscupy. *Nature*, 17 :405, 2000.
[49] Z. W. Junhua Sun, Guangjun Zhang and F. Zhou. Large 3d free surface measurement using a mobile coded light-based stereo vision system. *Sensors and Actuators A : Physical*, 2006.
[50] T. Kanade, O. Amidi, and Q. Ke. Real-time and 3d vision for autonomous small and micro air vehicles. In *IEEE Conference on Decision and Control*, 2004.
[51] J. N. Kapur, P. Sahoo, and A. K. C. Wong. A new method for gray-level picture thresholding using the entropy of the histogram. *Computer Vision, Graphics, and Image Processing*, 273-285, 1985.
[52] M. Kim and H. Cho. An active trinocular vision system of sensing indoor navigation environment for mobile robots. *Sensor and Acuators A : Physical*, 125 :192–209, 2006.
[53] J. Koenderink and A. van Doorn. Generic neighborhood operators. *IEEE Transactions on Pattern Analysis and Machine Intelligence*, 14 :597–605, 1992.
[54] A. Kolar, A. Pinna, O. Romain, S. Viateur, T. Ea, E. Belhaire, T. Graba, and B. Granado. A multi shutter time sensor for multi-spectral imaging in a 3d reconstruction integrated sensor. *IEEE Sensor Journal*, 9 :478–484, 2009.
[55] K. Konolige. Small vision system : Hardware and implementation. *Eighth International Symposium on Robotics Research*, 1997.
[56] Z.-D. Lan and R. Mohr. Robust matching by partial correlation. Technical report, INRIA, 1995.
[57] R. Lange and P. Seitz. Solid-state time-of-flight range camera. *IEEE Journal of Quantum Electronics*, 37 :390–397, 2001.
[58] M. Larson and J. Harris. Broadly tunable resonant-cavity light emission. *Applied physics letters*, 67 :590–592, 1995.
[59] P. Lavoie, D. Ionescu, and E. Petriu. A high precision 3d object reconstruction method using a color coded grid and nurbs. *International Conference on Image Analysis and Processing,*, 1999.
[60] W.-J. Liu, O. T.-C. Chen, P.-K. W. Li-Kuo Dai, K. Huang, and F.-W. Jih. A color image sensor using adaptative color pixels. *IEEE*, 2002.
[61] A. Makynen and J. Kostamovaara. Linear and sensitive cmos position- sensitive photodetector. *Electronic Letters*, 1998.
[62] F. Marzani and Y. Voisin. Calibration of a three-dimentionnal reconstruction system using a structured light source. *Optical Engineering*, 41 :484–492, 2002.

124

[63] F. Marzani, Y. Voisin, L. L. Y. Voon, and A. Diou. Active sterovision system : A fast and easy calibration method. In *Proceedings of the sixth International Conference on Control Automation, Robotics and Vision-ICARCV'2000*, 2000.
[64] N. S. Mitsuhiro Hayashibe and Y. Nakamura. Laser-scan endoscope system for intraoperative geometry acquisition and surgical robot safety management. *Medical Image Analysis, In Press, Corrected Proof, Available online 18 April 2006,*, 2006.
[65] A. Moini. *Vision Chips*. Kluwer Academic Publishers, 1999.
[66] N.Blanc, T.Oggier, G.Gruener, J.Weingarten, A.Codourey, and P.Seitz. Miniaturized smart cameras for 3d-imaging in real-time. *IEEE Sensors*, 2004.
[67] C. Niclass, A. Rochas, P.-A. Besse, and E. Charbon. A cmos 3d camera with millimetric depth resolution. *IEEE CUSTOM INTEGRATED CIRCUITS CONFERENCE*, 2004.
[68] P. Niu, X. He, and A. Wong. Dense depth map acquisition by hierarchic structured light. In *IEEE/RSJ International Conference on Intelligent Robots and System*, 2002.
[69] K. Obraczka, R. Manduchi, and J. Garcia-Luna-Aveces. Managing the information flow in visual sensor networks. *Proc. 5th Intl. Symposium on Wireless Personal Multimedia Communications*, pages 1171–1181, 2002.
[70] T. Oggier, B.Buttgen, F.lustenberger, G.Becker, B. Ruegg, and A.Hodac. Swissranger sr3000 and first experiences based on miniaturized 3d-tof cameras. 2006.
[71] Y. Oike, M. Ikeda, and K. Asada. Smart sensor architecture for real-time high-resolution range finding. *ESSCIRC*, 2002.
[72] Y. Oike, H. Shintaku, S. Takayama, M. lkeda, and K. Asada. Real-time and high-resolution 3-d imaging system using light-section method and smart cmos sensor. *Sensors*, 2003.
[73] N. Otsu. A threshold selection method from gray level histogram. *IEEE Transaction on System Man Cybernetics*, 9 :62–66, 1979.
[74] G. Pajares and J. M. de la Cruz. Local stereovision matching through the adaline neural network. *Pattern Recognition Letters*, 22 :1457–1473, 2001.
[75] Z. Pei, L. Lai, H. Hwang, Y. Tseng, and M.-J. T. C.S. Liang. Si1 xgex=si multi-quantum well phototransistor for near-infrared operation. *Physical*, 2003.
[76] L. Piegl and W. Tiller. *The NURBS Book*. Springer, 1995.
[77] A. Pinna. Conception d'une rétine connexionniste : du capteur au système de vision sur puce. PhD thesis, Paris 6 - UPMC, 2003.
[78] G. Pottie and W. Kaiser. Wireless integrated network sensors. *Communication of the ACM*, 43 :51 – 58, 2000.
[79] E. Péry. Spectroscopie bimodale en diffusion élastique et autofluorescence résolue spatialement : instrumentation, modélisation des interactions lumiére-tissus et application à la caractérisation de tissus biologiques ex vivo et in vivo pour la détection de cancers. PhD thesis, Institut National Polytechnique de Lorraine, 2008.
[80] R. Pu, C. Duan, and C. Wilmsen. Hybrid integration of vcsel's to cmos integrated circuits. *IEEE Journal of Selected Topics in Quantum Electronics*, 5 :201–208, 1999.
[81] R. Pu, E. M. Hayes, R. Jurrat, C. W. Wilmsen, K. D. Choquette, H. Q. Hou, and K. M. Geib. Vcsel's bonded directly to foundry fabricated gaas smart pixel arrays. *IEEE PHOTONICS TECHNOLOGY LETTERS*, 9, 1997.
[82] J. . Rey, K. . Kuznetsov, and E. . Vazquez-Ballesteros. Olympus capsule endoscope for small and large bowel exploration. *Gastrointestinal Endoscopy*, 63 :AB176.
[83] J.-S. Rieh, D. Klotzkin, O. Qasaimeh, L.-H. Lu, K. Yang, L. Katehi, P. Bhattachays, and E. Croke. Monolithically integrated sige-si pin-hbt front-end photoreceivers, lett. 10 (1998) 415. *IEEE Photonic Technology*, 10, 1998.
[84] O. Romain. Un capteur d'images omnidirectionnelles Multi-spectrales : conception, auto-calibrage et exploitation. PhD thesis, Paris 6 - UPMC, 2001.
[85] O. Romain, T. Ea, C. Gastaud, and P. Garda. A multi spectral sensor dedicated to 3d spherical reconstruction. In *Proceedings of IEEE ICIP 2001*, Oct. 2001.
[86] H. Rong, S. Xu, Y.-H. Kuo, V. Sih, O. Cohen, O. Raday, and M. Paniccia. Low-threshold continuous-wave raman silicon laser. *Nature Photonics*, 1 :232 – 237, 2007.
[87] E. Rosencher and B. Vinter. *Optoélectronique*. 2002.
[88] S. Ruisinkiewicz, O. Hall-Holt, and M. Levoy. Real–time 3d model acquisition. In *Internationnal Conference on Computer Graphics and Interaction Techniques*, 2002.
[89] J. Salvi, J. Batlle, and E. Mouaddib. A robust-coded pattern projection for dynamic 3d scene measurement. *Pattern Recognition Letter*, 19 :1055–1065, 1998.
[90] J. Salvi, J. Pagès, and J. Batlle. Pattern codification strategies in structured light systems. *Pattern Recognition*, 37 :827–849, 2004.
[91] D. Scharstein and R. Szeliski. High-accuracy stereo depth maps using structured light. In *Conf. on Computer vision and Pattern Recognition*, pages 195–202, 2003.
[92] Y.-H. Song, S. Kim, K. Rhee, and T. Kim. A study of considering the reliability issue on asic/memoty integration by sip (system-in-package) technologie. *Microelectronics Reliability*, 2003.
[93] A. V. Strat and M. M. Oliveira. A point-and-shoot color 3d camera. *International Conference on 3-D Digital Imaging and Modeling*, 2004.
[94] D. Studer and D. Hirsch. Observatoire sur les polypes. *Association Polypes Franche-Comté*, 2005.
[95] Y. Sugaya and Y. Ohta. Stereo by integration of two algorithms with/without occlusion handling. In *Proceedings. 15th International Conference on Pattern Recognition*, 2000.
[96] S. M. Sze. *Semiconductor devices. Physics and technology*. 1985.

125

[97] E. Thrush, O. Levi, W. Ha, G. Carey, L. J. Cook, J. Deich, S. J. Smith, W. E. Moerner, and J. S. Harris. Integrated semiconductor vertical-cavity surface-emitting lasers and pin photodetectors for biomedical fluorescence sensing. *IEEE JOURNAL OF QUANTUM ELECTRONICS*, 40 :491–498, 2004.

[98] Z. Toffano. *Optoélectronique, Composants photoniques et fibres optiques*. 2001.

[99] R. Tummala. Sop : What is it and why ? a new microsystem-integration technology paradigm-moore's law for system integration of miniaturized convergent systems of the next decade. *IEEE TRANSACTIONS ON ADVANCED PACKAGING,*, 2004.

[100] R. Tummala. Packaging : past, present and future. In *International Conference on Electronic Packaging Technology*, 2005.

[101] R. Tummala. Moore's law meets its match. *IEEE Spectrum*, 43 :44–49, 2006.

[102] A. Ullrich, N. Studnicka, J. Riegl, and S. Orlandini. Long-range high-performance time-of-flight-based 3d imaging sensors. *International Symposium on 3D Data Processing Visualization and Transmission*, 2002.

[103] R. Valkenburg and A. McIvor. Accurate 3d measurement using a structured light system. *Image and Vision Computing*, 16 :99–110, 1998.

[104] J.-H. Wu, C.-C. Pen, and J.-A. Jiang. Applications of the integrated high-performance cmos image sensor to range finders from optical triangulation to the automotive field. *Sensors*, 2008.

[105] M. Wu, E. Vail, G. Li, W. Yuen, and C. Chang-Hasnain. Tunable micromachined vertical cavity surface emitting laser. *Electronics Letters*, 31 :1671–1672, 1995.

[106] Xilinx. *Virtex-II Pro and Virtex-II Pro Platform FPGA : Complete Data Sheet*, October 2005.

[107] R. K. K. Yip and W. P. Ho. A multi-level dynamic programming method for stereo line matching. *Pattern Recognition Letters*, 19 :839–855, 1998.

[108] Yuce, Mehmet, and al. Wireless body sensor network using medical implant band. *Journal of Medical System*, 467-474, 2007.

[109] L. Zagorchev and A. Goshtasby. A paintbrush laser range scanner. *Comput. Vis. Image Underst.*, 101(2) :65–86, 2006.

[110] Z. Zhang. Le probleme de la mise en correspondance : l'etat de l'art. Technical report, INRIA, 1993.

Oui, je veux morebooks!

i want morebooks!

Buy your books fast and straightforward online - at one of world's fastest growing online book stores! Environmentally sound due to Print-on-Demand technologies.

Buy your books online at

www.get-morebooks.com

Achetez vos livres en ligne, vite et bien, sur l'une des librairies en ligne les plus performantes au monde!
En protégeant nos ressources et notre environnement grâce à l'impression à la demande.

La librairie en ligne pour acheter plus vite

www.morebooks.fr

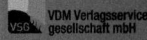

VDM Verlagsservicegesellschaft mbH
Heinrich-Böcking-Str. 6-8
D - 66121 Saarbrücken

Telefon: +49 681 3720 174
Telefax: +49 681 3720 1749

info@vdm-vsg.de
www.vdm-vsg.de

Printed by Books on Demand GmbH, Norderstedt / Germany